物理文化
与物理教学模式研究

崔　舒◎著

图书在版编目（CIP）数据

物理文化与物理教学模式研究 / 崔舒著. -- 长春：
吉林出版集团股份有限公司，2023.7
ISBN 978-7-5731-3856-9

Ⅰ．①物… Ⅱ．①崔… Ⅲ．①物理教学－教学研究
Ⅳ．①O4

中国国家版本馆CIP数据核字(2023)第132742号

WULI WENHUA YU WULI JIAOXUE MOSHI YANJIU

物 理 文 化 与 物 理 教 学 模 式 研 究

著　者	崔　舒
责任编辑	田　璐
装帧设计	朱秋丽
出　版	吉林出版集团股份有限公司
发　行	吉林出版集团青少年书刊发行有限公司
地　址	长春市福祉大路 5788 号（130118）
电　话	0431-81629808
印　刷	北京昌联印刷有限公司
版　次	2023 年 7 月第 1 版
印　次	2023 年 7 月第 1 次印刷
开　本	787 mm×1092 mm　　1/16
印　张	10.25
字　数	210千字
书　号	ISBN 978-7-5731-3856-9
定　价	76.00元

前　言

　　物理学是研究自然界中物质基本结构、作用规律、运动规律的科学，是人类认识自然、改造自然和推动社会进步的动力和源泉，其概念、原理、定律都具有极大的普遍性。物理学是整个自然科学和工程技术科学的基础，工科物理是高等院校工科各专业的重要基础课程，它所阐述的物理学基本知识、基本思想、基本规律和基本方法，不仅是学生学习后续专业课的基础，而且是全面培养和提高学生科学素质、科学思维方法和科学研究能力的重要内容。

　　物理文化是由物理科学家群体在认识物理世界过程中自觉形成的一种相对独立、相对稳定的社会意义网络。处在这个社会意义网络中的，有物理科学研究者、物理科学语言符号、物理学的科学方法、研究成果、精神与价值观念及其共享群体。

　　本书在探讨物理文化的定义及其起源的基础上，从文化的角度对物理教学的文化活动属性做了探讨，并提出了物理教学设计的策略，主要内容包括国内外相关研究、物理文化、物理教育的内涵、物理教育中物理文化的建设、信息化技术与物理教学的融合、物理教学设计及基于物理文化角度进行物理课程教学设计等。

　　本书在撰写时参阅了一些学者的研究成果，在此一并向各位学者表示衷心感谢。鉴于笔者经验、水平有限，加之时间仓促，书中难免存在疏漏或不妥之处，恳请读者不吝赐教，以使本书更趋完美。

目　录

第一章　国内外相关研究概述

第一节　国内相关研究进展

一、物理课程文化品性研究

从课程的历史起源及发展历程来看，课程起源于对人类文化的传承需要和对人类的教化需要。没有文化就没有课程，课程是人类发明最为有效的文化传承手段和教化手段。作为文化传承手段，课程无疑与文化有着千丝万缕的联系；作为教化人的手段和方式，又与人的文化活动分不开。

（一）课程文化品性的内涵

课程文化品性是相对于课程的学科内核而言的。其内涵主要表现在两个方面：第一，传承人类文化是课程的基本功能之一，因为有了课程，才使得人类文化得以延续下来；同时，文化具有对人类的教化作用，文化对人类的开化、启蒙、解放、提升主体有存在的价值与意义等，是课程永恒的追求。所以，人类文化作为课程传输的内容及课程的追求，使课程具有了文化品性。第二，教育是通过课程来实现其育人目标的，而教育是一项广义的文化活动。从社会学的观点来看，教育是要实现人的社会化，只有通过教育才能使人成为真正的人。社会化是人们积极、主动地去适应特定文化的观念、行为和思维方式、各种规范等的过程。教学活动就是通过课程所提供的文化来实现人的社会化。因而在实践中，课程又具有了文化品性。

通过以上的分析，可以这样认为，课程的文化品性既体现在课程内容中，也体现在课程实践中（尤其是在教学活动中）。课程的文化品性反映在其内容中，是直观的、感性的，直观表征为内容的人文性、历史性、思想性、探索性、审美性等；反映在实践中，则是深层的、理性的，其直观表征为人在文化中的地位和作用——"人在创造文化的同时创造着自己"（Landman，1988），教师和学生在课程中既在主动适应原有文化，又在积极地进行着文化再生产。在整个过程中，人的主体性与自我意识不断得到提升、不断获得解放。

（二）课程文化品性的缺失

1.课程内容方面的文化品性缺失

从以上文化品性的内涵来分析，课程文化品性的缺失就是课程内容的文化性丧失或者存在着不完整和课程主体性精神的消解。郝德永博士认为，课程中文化品性的缺失源自"课程作为文化传输工具"的原始命题与逻辑，即"将课程作为文化传递的工具存在逻辑化、合理化，并且从理论到实践都使课程远离了文化"。由于这一原始命题，课程从来都是作为主流文化的传声筒和原始文化的文化筐，从来没有自主性的文化地位、旨趣。

在近代，课程研究在追求科学化的态势下逐渐形成了一个独立的研究领域，在科学化过程中又受到当时风行美国社会的"社会效率运动"的潜在影响。社会效率运动理论起源于美国科学管理之父泰罗（Frederick Winslow Taylor）建立的管理理论，即泰罗主义。

所谓泰罗主义，就是以行为主义、实证科学为基础，采用科学化的目标进行管理的一种制度，目的是提高效率。其基本特征是效率取向、控制中心。在泰罗主义的影响下，这一时期的课程研究，是"在工具理性的左右下，主要是在操作层面上来进行，把课程作为为儿童的成人生活做准备，作为传播文化、生活经验的工具"。虽然在后来的课程研发过程中，也有许多学者在探讨如何有效选择和加工社会文化，比如由英国著名文化主义课程论专家劳顿（D.Lawton，1988）提出的文化分析法。劳顿对文化的选择与加工也完全是技术性的，并没能使社会文化变为具有自主性品质的、完整的教育文化。可以说，课程作为文化传承工具的命题所导致的逻辑结论，便是否定课程的文化品性的存在。在工具理性与泰罗主义的影响下，课程实际上就沦为文化工具，而非文化主体，在逻辑上也就规定了课程实践是以学生对文化"占有"与掌握的高效率为最终目标的。然而"占有"与掌握的效率必然体现为某种形式化的东西，因此，完整的文化通过科学化的课程开发过程，形成了一系列的概念及知识点。

在此过程中，文化所特有的更为深刻的、无形的、难以测评的内涵，要么被课程物化为有形的、可操作的、可测评的、系统化的、程序化的知识（如方法），要么就被课程舍弃（如精神、价值观念）。

2.课程实践方面的文化品性缺失

在实践方面，由于对效率的追求，课程教学实际上异化为教师对学生进行课程所提供的概念和知识点的灌输、学生机械地去接受和记忆从而达到对文化的占有。似乎"占有"了文化也就"占有"了人的本质。这样，在整个课程实践层面，人作为主体的主动性、自觉性及创造性泯灭了，取而代之的是被动、他律及服从。因此，课程无论是在内容方面还是在实践方面，都丧失了应有的文化品性。

（三）物理课程文化品性的缺失

1.物理课程的文化品性

物理课程的文化品性也是从内容与实践两个方面表征的。

在内容方面，物理课程是以传承物理文化为核心的。物理学是一种文化，它具有文化的所有品性。从这个意义上讲，物理文化的文化特性就是物理课程应有的文化品性。

在实践运用方面，物理课程应是教师和学生在一定的物理情景中积极、主动地建构自身物理意义（文化）的过程，包含教师和学生的对话、交流、协商和创造。在此过程中，教师和学生的主体性与主体精神得以彰显和提升，这便是物理课程文化品性的深层含义。

通过对物理课程标准和课程内容的文化考察不难发现，物理教育中对物理学的认识一直是"物理学是研究物质结构、物质相互作用和运动规律的自然科学"。对物理学的认识一直没有上升到文化的高度，这样必然在课程内容的选择上丧失物理学的文化品性。另外，由于物理课程内容、课程计划和课程目标等都是由国家制定好的，教师在课程实践中缺乏权力，只是在忠实地将课程计划付诸实践，教师对课程知识的创造和选择没有真正的发言权，使教师的课程主体性得不到体现。在课程教学过程中，由于计划与目标的预设性，使得课程计划、课程教学与课程目标之间完全是一种线性关系，教学过程实际上丧失了许多教师和学生进行主体性活动的机会，物理课程的教学过程基本上简化为教师向学生灌输既定的课程内容和学生机械接受课程内容的过程。因此，物理课程在实践层面也丧失了文化品性。

2.物理课程文化品性缺失之表征

（1）对物理知识的去背景化处理

物理课程文化品性缺失的第一个表征，就是对物理知识进行去背景化处理。科学是一种社会建制，科学知识的形成都有其特定的社会背景和文化背景。物理课程中对物理知识形成背景的介绍，既能帮助学习者深刻理解物理知识，同时也能使学习者认识到物理科学对人类发展的巨大作用，只有这样，学生的学习才是卓有成效的。比如，哥白尼"日心说"理论的提出是在欧洲最为黑暗的中世纪时代。当时，教皇具有极大的权威，神性是第一位的，一切都是以上帝为中心的，连科学也只是"宗教恭顺的婢女"，然而哥白尼在特定背景下提出与宗教教义相悖的理论，其意义是非常重大的。恩格斯这样评价哥白尼的贡献："从此自然科学从神学中解放出来了……科学的发展从此便大踏步前进，而且得到一种力量。"当物理课程中不提及哥白尼时代的社会背景和文化背景时，学生便不会体会到其理论对整个人类文化的重要作用。

另外，由于物理学起源于西方文化背景，对于非西方文化中的学生，物理学习过程是一种跨文化的过程，为了减少学生由于文化上的障碍而产生的对物理知识的学习困难，提供物理知识产生的社会文化背景是一条基本途径。但是从对物理课程内容要求的考察来看，我国物理课程领域对此还没有给予足够的重视和认知。

（2）将物理知识与其形成的过程相分离

物理课程中知识的形成过程有两个方面：一是物理学家真实地探索物理知识的历史过程——知识的原生产过程；二是学生在学习过程中真实体验到知识的形成过程——知识的再生产过程。知识的原生产过程是非常复杂的，是与社会文化、政治制度及科学共同体的心理倾向等因素相关联的。知识的再生产过程虽然是简化的，但却是学生真实体验到的过程。这两者虽有区别，但本质上有着极大的自相似性：学生的学习过程是对人类文化发展过程的一种认知意义上的重演，他们学习科学的心理顺序差不多就是前人探索科学的历史顺序。因此，物理课程一方面要向学生展示物理知识的原生产过程，另一方面要使学生自己经历知识的探索过程，并且要尽可能地将知识的原生产过程和学生的认知规律相结合，形成学生自己对知识的再生产过程。

我国物理课程则倾向于向学生展示那些剥离了物理科学家的探索历程的最终成果：一个结论、一个物理表达式及一系列物理证明，而不是让学生自己亲身经历知识形成的过程。这样，学生"体验不到探索和发现的喜悦，感觉不到思想形成的生动过程，也很难达到清楚地理解全部情况"。

（3）物理文化的精神层面被弱化或舍弃

物理文化的观念形态是物理学家在认识物理世界过程中所创造和形成的科学思想、科学方法、科学精神及价值标准等。在工具理性的控制下，复杂的物理文化在课程中被迅速、简洁地加工成为大量的可测量的知识点和概念，而物理文化的观念形态，因为难以形式化为直观的、可测量的、可操作的知识与概念，所以基本上被排斥在课程之外。这就导致现实的物理课程仅仅传承的是物理文化的骨架——逻辑、知识体系，而没有物理文化的血肉——思想观念、科学方法、科学精神及价值标准。从对物理课程标准的分析来看，长期以来，物理课程目标中很少强调物理学思想、科学精神和价值观念。

（4）物理世界与学生的生活世界相隔离

物理课程中，物理世界与学生生活世界的隔离表现在两个方面：一是课程所提供的物理知识与学生的生活经验之间没有建立应有的联系；二是物理知识没有被应用到解决学生身边的实际问题中。

究其原因，一方面，文化（科学）世界源于人类的生活世界，是人类对生活世界理性认识的结果，其目的是提升生活的意义，如电学知识的产生和电的应用给人类生活带来了无穷的便利；另一方面，学生只有借助在生活世界中获得的经验，才能理解文化（科学）世界。因此，任何知识要对学生有意义，必须基于学生的生活世界进行创造性转化，使文化（科学）世界与学生的生活世界有机地结合起来。这样既能激发学生的学习兴趣，帮助学生深刻理解物理知识，又有助于学生融入生活、学会生活、热爱生活。我国的教育传统就非常强调"理论联系实际"的原则，这里的实际应该包括学生的生活实际和生产实际，但在贯彻中，这一原则在很长时期内被片面地理解为与工农业生产实际相结合，如我国课程标准中就一直强调"物理学在工农业生产和其他方面的应用"，而不重视或不考虑学生的生活实际。这一点在历史转折期间又被极端化，表现为"结合典型产品进行教学"和"以生产为主线安排教学内容"等，课程内容仅仅是工业生产知识和零零碎碎的物理知识，其中典型的是所谓的"工业基础知识"，即以"三机一泵"（拖拉机、柴油机、电动机和农用水泵）为主的课程内容。在这种实用主义教育思潮泛滥的情形下，学生在生活世界获得的经验不可能受到重视，从而丧失了物理课程应有的文化品性。

（5）课程主体的主体性精神受到压抑

人的主体性就是人作为社会生活的主体在各种社会实践活动（如文化活动）中表现出来的根本属性。主体性包括自主性、主动性和创造性三个方面的内容。在理论上，教师和学生构成课程的双主体。物理课程中，教师的主体性表现在教师按照学生的兴趣以及教学实际情况选择课程内容，创造性地进行课程设计等；学生的主体性表现在学生按自己的兴趣积极选择学习内容，积极主动地去实验，与教师及同学交流各自的观点，不迷信权威，敢于就自己的见解发表看法，对物理问题有创造性的见解和解决办法等。

在对物理课程目标、课程内容与教学文化的考察中发现，物理课程内容都是通过课程目标、课程内容、教学目标、教学大纲、教材等预设好的，物理教师在课程的选择和实施中没有自主性，只能按照国家颁布的课程计划按部就班地执行课程任务，这样一来，学校物理课程的实施过程实际上等于控制课堂教学的过程。另外，由于课程内容的预设性、知识本身的客观真理性，实际上使教学过程成为学生被动地接受客观真理的过程，缺少教师对课程的创造，学生积极主动的参与，教师与学生之间及学生与学生之间的交流与协商，对知识的质疑，更缺乏创造性活动，使物理课程与教学成为一种控制工具，而不是传播文化的活动。

由上面的论述可知，文化性应该是物理课程的本有品性，但是近代以来，由于工具主义和泰罗主义课程的泛滥，使课程的文化品性受到遮蔽。通过分析，我们认为物理课程的文化品性源于物理文化本身，以及在实践层面教师和学生积极的文化创造和生成过程。但是事实上，物理课程文化品性两个方面的内涵在我国物理课程中都没有得到很好的体现，存在着文化品性缺失的种种表征。因此，运用各种策略回归物理课程的文化品性是我国物理课程改革的一个必然选择。

二、科学与人文融合教育研究

20世纪50年代，就职于英国剑桥大学的斯诺（C.P.Snow）虽然是一位科学家，但他却以一个学者具有的人文关怀精神，敏锐地感受到弥漫在剑桥大学乃至整个社会中的科学与人文两种文化分裂乃至对立的现象，成就了之后他轰动学术界的关于《两种文化与科学革命》的演讲。虽然斯诺并不是首先提出"两种文化"这一命题的人，但是不可否认，是他使这一命题成为全社会关注的焦点并且深入人心。按照剑桥大学史蒂芬·科里尼（S.Collini）教授的说法，斯诺在一个多小时的演讲中至少做成了三件事："发明了一个词语或概念，阐述了一个问题，引发了一场争论。"自斯诺以后，两种文化的命题及其隐含的对人类社会发展的担忧，导致了旷日持久的关于两种文化的分裂与融合的辩论。这一现象的出现，说明人们一方面承认科学与人文分裂的客观现状，另一方面也承认科学与人文是两种不同的东西，即二者有本质区别。在此基础上，进一步讨论科学与人文以什么样的方式、在何种层面、以何种方式进行融合。斯诺本人也明确地指出，融合的唯一办法就是改变我们现存的教育制度和教育方法，"所有这一切只有一条出路，自然，这就是重新考虑我们的教育"。与此同时，身处美洲大陆的科学史学家萨顿（G.Sarton）提出："科学史是沟通科学与人文的桥梁。"

后来也有学者提出科学人文化与人文科学化等命题来使二者融合。不可否认，这些关于科学与人文融通的方式具有可行性，但是仔细分析，似乎存在天然的缺陷。

（一）重新审视科学与人文

回溯斯诺和他的研究本身，我们发现，斯诺是出于对人类前途与命运的关心，指出社会上存在着两种文化，一种是人文文化，另一种是科学文化。这两种文化之间，存在一条相互不理解的鸿沟，有时甚至存在着敌意和反感。对立的双方经常以无知自大的态度蔑视对方。在详尽地论证了确实存在两种相互对立的文化之后，斯诺还特别指出了这种文化上的分裂将造成的危害——它会使一些即便受过高等教育的人，也无法在同一水平上就任何重大的社会问题展开认真的讨论。而且，由于大多数知识分子都只了解一种文化，我们很可能对现代社会做出错误的解释，包括对过去进行不恰当的描述，对未来做出错误的估计。而产生文化分裂的原因，最主要的是我们对专业化教育的过分推崇和要把我们的社会模式固定下来的倾向，因为人们总是希望自己能最快地在某一领域达到很高的层次。

但是，科学文化与人文文化真的有本质区别吗？科学与人文的本质又是什么？

当把科学纳入整个人类文明的演进过程，我们发现科学的诞生和发展过程是与人类文明的演进密不可分的，其本质在于不断地推进人类文明的进步，不仅在物质层面，还有精神层面。这样一来，就可以认为科学本身就是人类文化的一部分或者科学本质上就是人文的。当科学在本质上具有人文的特性时，科学与人文的融合、科学人文化等命题将失去其存在的逻辑前提。但是，事实上科学与人文的分裂是客观存在的，造成这种分裂局面的原因是非常复杂的，有文化的、观念的、教育的等，而其中的一种观念是不能忽视的，那就是科学观念——对科学本质的看法。下面，借助科学哲学的理论做进一步分析。

逻辑实证主义认为，科学的本质就是数理逻辑和实证，强调科学的精确性、实证性。当实证性受到威胁的时候，卡尔·波普尔（K.Popper）便以证伪的方式、拉卡托斯（L.Lakatos）则以"硬核与保护带"的概念来补救或辩护。

到了历史主义，托马斯·库恩（T.S.Kuhn）似乎开始对科学的人文性有了觉醒，他认为科学的变革和社会革命具有类似性：当旧的范式不能解释的问题——反常问题越来越多的时候，科学革命就会爆发，结果是新的范式代替旧的范式。同时，他从科学家群体、科学家个人的心理及价值取向等方面来说明他所指的范式。

后现代主义则开始趋向于承认科学的主观性、相对性，即科学是科学家群体所建构的一种对科学现象的相对比较合理的描述，而建构的过程是与科学家群体、个人所处的文化背景、审美取向、价值观念等有密切关系的。

到了法伊尔阿本德（P.Feyerabend），他甚至取消了科学在人类文化中的特殊地位，也就是"不赋予科学以优于其他形态知识或其他传统的地位"，同时强调尊重科学家个体的主观愿望和自由。

由以上的分析可以看出，科学哲学对科学本质的认识经历了强调精确性、实证性、逻辑性到主观性、相对性、历史性的变化过程，这种变化过程使科学越来越具有人文的特性。当然，我们不能就此武断地认为科学就是人文，但最起码可以认为科学应该具备人文性。这样一来，我们对科学形象的表述将变得非常丰富，科学可以作为一种建制、一种方法、一种积累的知识传统、一种维持或发展生产的主要因素。科学本身就是科学与人文的结合体，或者科学本身就是人文的，是一种特殊的文化。

（二）科学教育的出路

虽然科学本身就是人文的，是一种特殊的文化，但是在目前，无论是大家的共识还是实际情况，科学与人文都是隔离的，尤其是在教育范畴（包括学校、家庭、社会教育等）。对于学校科学教育来说，我国在引进西方科学的时候，仅仅引进了科学知识本身，即显性的知识和技术，而漏掉了科学的隐性的文化内涵。科学的核心就是科学精神，而科学精神本身就是人文的。也就是在一开始就将科学的人文性隔离在了科学之外，使科学成为单向度的科学。民国初年，时任《科学》杂志主编的任鸿隽就认为："欲效法西方而撷取其精华，莫如介绍整个科学（包括科学精神和科学方法）。"并且批评国人缺乏真正的科学精神，同时还一针见血地指出了当时只重视知识的传授，过于依赖书本，忽视科学方法和科学精神的科学教育弊病。

就目前的科学教育现实来看，人文性的普遍缺失（或科学与人文的隔离）在科学教育的各个因素（如教学纲领、教师、教材等）、环节和过程中，不但被合法化，而且进一步得到了巩固。以教材为例，科学教材在编写过程中仅仅重视科学的逻辑过程，而忽视科学的历史过程；重视科学过程的实证性、精确性，而忽视科学发现中存在的偶然性、不确定性；重视科学家在科研过程中实事求是、不屈不挠的优良作风，而忽视科学家作为一个人的个性心理、审美取向、价值观念；重视科学转化为技术对人类物质文明的巨大作用，而忽视科学作为意识形态对人类精神文明的巨大价值；重视科学的正面作用，而忽视其负面价值……科学教材虽林林总总，但内容基本上千篇一律。从基础教育到大学教育十几年的教育经历中，我们似乎从来没有从科学教育中得到人文的熏陶，我们似乎从来没有从一本科学教材中读到它所应涵盖的人文关怀……这造就了我们根深蒂固的科学与人文不相关的前概念。

因此，在基础科学教育中要实现科学与人文的融合，首先需要解决教材编写的问题。其中以文化叙事的方式进行科学教材编写将会是一种非常可行的方式。按照目前对科学教材的研究，做好以下几点是具有积极意义的：第一，宏观上要以西方文明和中华文明（两大文明）为主线，在文明的演进过程中展现科学的诞生和发展过程，既要体现两种文明的各自特点，又要相互关照；第二，对于具体理论的表述，要以其产生的社会文化背景为基础，按照真实的历史顺序，重演该理论产生和发展的过程，从而构建起符合学习者认知过程的准历史过程；第三，重视对科学价值的评判，既要揭示其给人类带来的巨大利益，也要反思其潜在的危害。

这种处理实际上就是要将科学拉下神坛，揭开其神秘面纱，在建立科学能被普通公众理解的前提下，使科学真正成为人类文化活动的组成部分。这无疑是与法伊尔阿本德的初衷——不赋予科学以优于其他形态知识或其他传统的地位——相契合的。

第二节 国外相关研究进展

一、欧盟 HIPST 科学教育研究目标及核心理论介绍

提升学生的科学素养和公众对科学的理解是任何科学教育（包括学校科学教育和校外科普教育）的主要目的。这也是所有学校、科普机构及科技馆工作的核心任务。2008年，欧盟第七框架科技计划委员会启动了一个名为"HIPST"的研究计划。该计划的任务是开发蕴含科学史和科学哲学的科学教育素材，促进学校科学教育的发展和加强公众对科学的理解，图1-1为HIPST研究计划的标识。目前，该计划的研究者已经完成了理论建构，并以此为基础开展了大量细致的实践研究，其中有基于高等教育的实践研究，也有基于基础教育的实践研究。

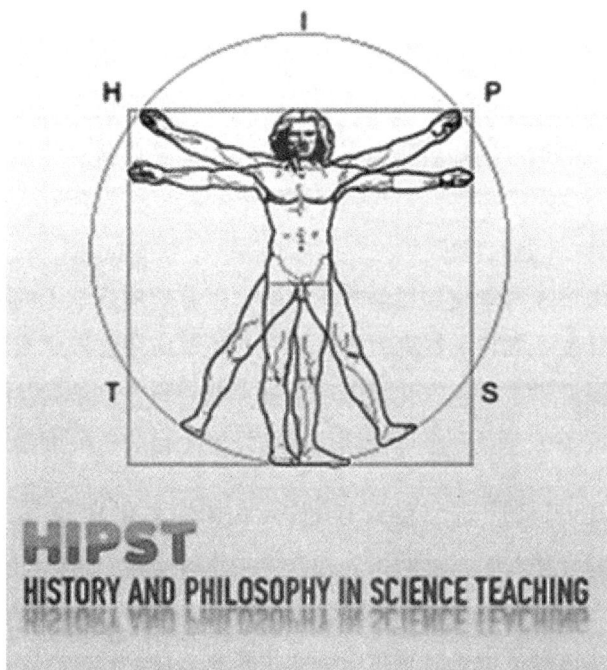

图1-1　HIPST研究计划标识

该计划开发的相关教材和教学案例，已经在欧洲和以色列的很多学校推广使用。

（一）欧盟HIPST研究计划概览

1.HIPST研究计划缘起

HIPST研究计划是科学史和科学哲学的科学教学研究计划（History and Philosophy in Science Teaching Project）的简称，该研究计划是由欧盟第七框架科技计划委员会（7th FWP）于2008年资助启动的。该计划有10个研究小组参与，其中的9个研究小组来自欧洲部分国家，一个研究小组来自以色列。该研究计划的主席由德国凯瑟斯劳滕大学物理教育中心主任迪玛尔·霍特斯科（Dietmar Hottecke）教授担任。

该计划的前期研究表明："大多数学生认为学校科学教育不但令人烦恼，而且学起来非常吃力。与此同时，作为教育研究者，我们正在无奈地目睹世界范围内中等教育的衰退，并且不时地为我们的时代极其缺乏有志于从事科学研究这项伟大事业的人员而哀叹不已……"基于以上的研究和思考，欧盟第七框架科技计划委员会于2008年启动了HIPST研究计划，争取为解决上述问题提供有效方法。

2.HIPST研究计划的任务和目标

（1）HIPST研究计划的任务

HIPST研究计划的任务是开发蕴含科学史和科学哲学的科学教材，以此来促进学校科学教育的发展和加强公众对科学的理解。所有参与研究的成员都相信，通过这种方式，可以有效地提升公众的科学素养，加强公众对科学的理解。HIPST研究计划的终极目的是提高人们对科学与社会之间关系的认识水平。

目前，HIPST 研究计划已经开展了大范围的专业研究，涵盖研发、政策制定和执行措施等各方面。除此以外，该计划还成立了一个国际咨询委员会，这个咨询委员会的成员是来自欧洲或者其他地方的知名研究者，其工作职能是监督、评估和支持该计划的所有活动。

（2）HIPST 研究计划的目标

①在科学教学中增加科学史和科学哲学内容，以有效提升学生的科学素养。

②改进策略以开发新教材和提高教学技能，并将其应用在教学实践当中。

③为所有参与提升学生科学文化素养和增强大众对科学理解的从业者（包括学校科学教师、科技馆专家等）建立一个可持续的网络设施（目前这一网络已经初步建成）。

（二）HIPST 研究计划的核心理论——学科文化理论

HIPST 研究计划发展起了自己的指导理论——学科文化（Discipline-Culture）理论，该理论是由以色列籍研究员 Igal Galili 等发展起来的，是各成员进行课程开发、教学案例研究的核心依据。该理论源于对物理学的文化研究。

在建立起物理文化理论之后，Igal Galili 等对此理论进行了拓展和提升，从而成为学科文化理论。他们认为，开展 HIPST 的研究和教学，除了要说明科学深深植根于文化之中，更重要的是要体现科学本身就是一种文化的思想。不同的科学学科形成了具有相同结构的学科文化，这种学科文化由三种基本要素组成（图 1–2）。

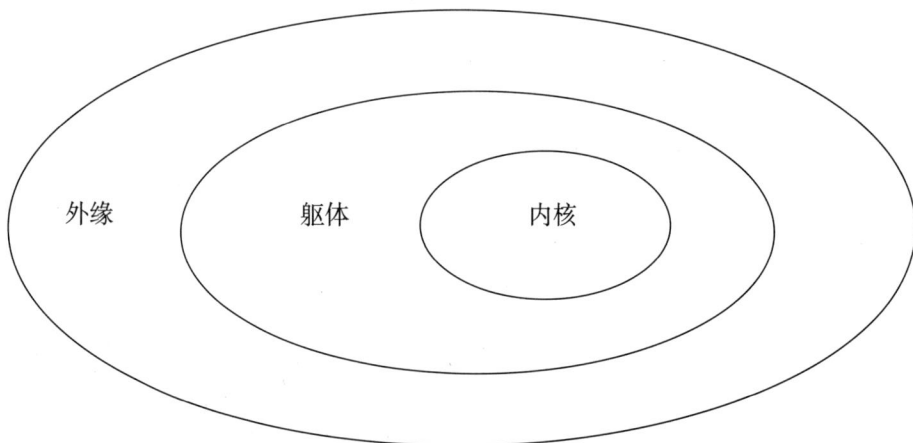

图 1–2 学科文化结构

第一要素是内核（Nucleus）。内核包括特定理论的范式、理论的核心概念与基本原理、本体论（如理论的模型）和认识论（如建立和确证理论的规则）。

第二要素是躯体（Body）。躯体是对内核的应用，包括已经解决了的问题、可以应用的模型、成功解释的现象、实验及实验仪器。

第三要素是外缘（Periphery）。外缘的内容非常多，包括与内核相矛盾的观念、可供选择的解释、可供选择的认识论、过去的和超前的理论，还有那些应用该理论不能解决的问题等。这部分知识在目前的科学教育中常常是被忽略的。

该理论可以被视为对奥地利科学哲学家拉卡托斯的科学研究的纲领理论的发展，后者认为科学研究的纲领由硬核和保护带组成（图1-3）。该理论将研究纲领中的保护带细化为躯体和外缘，范畴更为广泛。而外缘中与内核相矛盾的、可供选择的解释、概念、理论及过去的概念，对于科学教育来说非常重要，因为这些知识往往与学生的前概念及科学概念的形成过程非常相似，在教学中具有独特的价值。

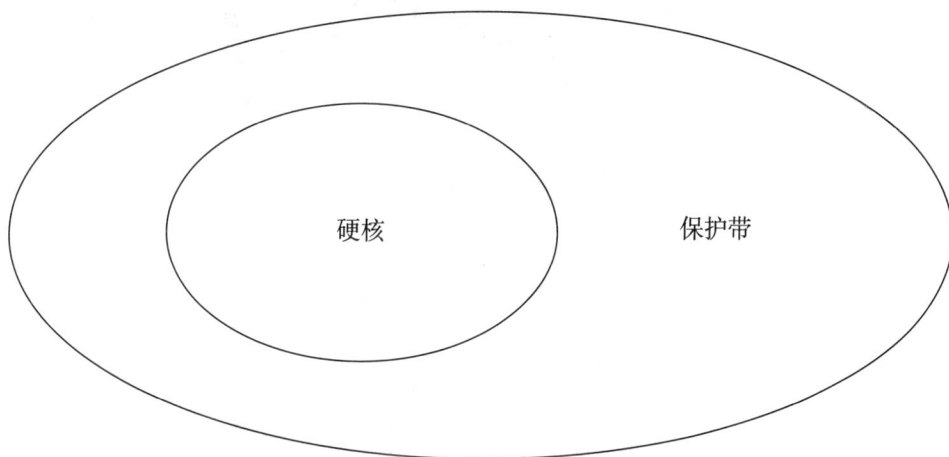

图1-3 科学研究的纲领

（三）学科文化理论的应用

Igal Galili 等应用学科文化理论，论述了科学的本质及科学教学等相关问题。

1. 科学文化结构的建立

按照学科文化理论，科学革命的标志就是科学文化结构的建立，即形成内核、躯体和外缘。不同科学理论有其各自不相容的内核，但躯体部分可能有相互交融的部分，它们在整体上享有共同的外缘（图1-4）。比如，牛顿力学的内核是绝对的时空观、牛顿三大定律，相对论力学的内核是相对性原理、洛伦兹变换等；躯体相交的部分是各自内核的应用产生的一致结果，比如相对论力学在处理低速问题的时候和牛顿力学处理的结果是一致的；这两种理论共同享有广泛的外缘，这个外缘就是长期以来人们对时间、空间和运动的探索，比如亚里士多德的理论、冲力理论等。科学在内核的不断斗争中成长和持续发展。科学研究并非起源于问题，而是起源于人们对科学已有的结论的重新认识和质疑，通过质疑而达到继承或者重建。质疑的材料来自长期积累下来的历史和哲学知识文本，这正是学科文化的外缘。

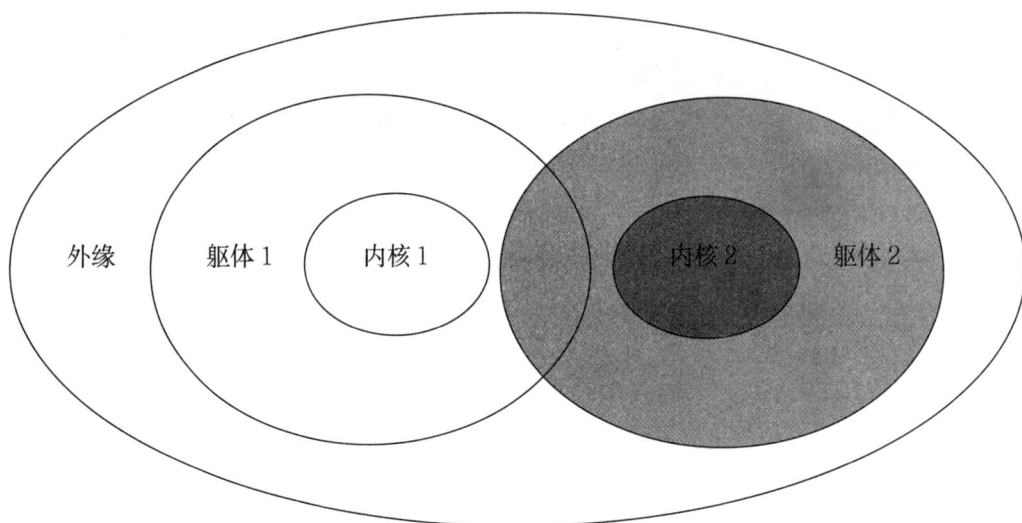

图 1-4 不同理论的关系

2. 科学的累积性、客观性

托马斯·库恩认为，科学革命一旦发生，新的科学范式会代替旧的范式，并且新旧范式之间是不相容的。因此，科学发展是一种间断的、替代性的过程。与此相对应地，学科文化理论认为科学本质上是一种累积性的和连续性的过程。相互竞争的理论不会因为竞争失败而被科学史抛弃，也不会被科学教育抛弃。它们通常被置于学科文化的外缘，保持与内核之间的对话。尽管它们拥有不同的认识论和世界观，但是它们与内核之间所进行的各种实质性的联系和对话却持续进行。因为它们的存在，才使得科学具有广大的图景，科学所展示的是一种建立在严密的逻辑联系之上的累积活动。

此外，与当下科学和科学教育领域盛行的"科学的主观建构性"相对应，该理论认为科学是客观的。主观建构派认为，科学家在建构科学的过程中会不可避免地受到个人偏见、所处社会文化背景、个体经验、世界观和想象等因素的影响，因此其制造的科学产品必然具有主观性、暂时性和建构性。这使得科学在某种程度上与宗教、迷信、占星术没有区别。但是当我们把科学置于一个长远和宏大的图景中时，主观性自然就被抛弃在科学之外了，因为科学共同体所创造的各种科学理论，经历长期的相互间的争论、修正与提纯，变得越来越真实地反映客观实在。牛顿理论一开始不可避免地带有牛顿个人的主观性，比如第一推动、以太、惯性力等，这些概念的提出是与牛顿自己所处的社会文化背景、个人信仰等密切相关的。但是我们也看到，随着认识的进一步加深，尤其是经过马赫（E.Mach）的批判及相对论的出现，彻底否定了这些主观因素，从而使得牛顿理论更具有客观性。

3. 科学哲学的作用

科学哲学强调对科学本性的理性分析或对科学概念、规律的哲学思辨。科学哲学决定了科学课程内容的本体论意义，不同的科学哲学流派，比如经验主义、逻辑实证主义、否证主义等，将开创各自的科学课程，并且在课程中体现各自的科学世界观。因此，学科文化理论使得科学哲学的地位进一步提升，正是因为科学哲学，决定了科学理论的内核，科学哲学才能进一步说明内核的本体论与认识论功能。比如，牛顿理论和相对论从本体论上讲是相互独立的时空观与相互联系的时空观的区别。在认识论上，两种典型的认识论——经验论和唯理论促成了对科学概念的不同界定，并且在不同的历史时期，在内核和外缘中发挥作用。经验论在经历了希腊科学中的边缘地位之后，逐渐走进了科学理论的内核，而在 20 世纪获得了统治地位。因此，科学理论内核的认识论和本体论含义实际上代表了一个成熟理论的核心，尽管在具体的教学当中长期被忽略，但是它们对于建构宏大的科学知识图景非常重要，可以增强公众在思考科学时的多元性和批判性。

4.科学教师、科学学习与学习者

按照学科文化理论，科学教师自身的知识体系除了传统上要求的学科基础知识及教育学、心理学知识外，还应该具备科学史和科学哲学知识。科学的学习过程是一种对文化的适应过程，从这种意义上讲，传统中的探究方法"提出问题—给出假设—搜集资料……"既不实际也不具有代表性，因为科学探究开始于对科学的讨论，而讨论来自对科学外缘知识的认识和质疑。因此，科学学习的最好方法是让学习者参与到关于科学的对话和讨论中，在这种过程中获得文化的适应与掌握。

与科学的发展相对应，学习者所拥有的科学前概念一般与科学文化外缘中的某些概念非常相似，而且宏观上科学理论的客观发展过程和个人认识过程具有一定的相似性(图1–5、图1–6)，即个体对科学的认识过程可以视为科学本身发展过程的重演。因此，学习过程也应该从外部出发，从学习外缘入手，从学科文化的外缘中找到历史上与自己拥有的前概念一致的部分，然后沿着该理论发展的方向去学习，最终达到对学科文化内核的掌握，建立正确的科学概念。此外，按照学科文化理论，可以把学习者进行相应的区分。在科学学习过程中，有些学习者可能关注学科文化的内核，他们对普遍规律、自然秩序感兴趣，这是哲学家型的学习者，将可能成为精通哲学的公民；有些学习者可能关注学科文化的躯体，他们关注科学应用、问题解决及技术实现，这是实践型的学习者，将有可能成为工程师和技术人员；有些学习者则关注学科文化的外缘，他们感兴趣的是争论、矛盾、可供选择的解释及失败的理论，这是革新型的学习者，也最有可能成为新理论的创立者。

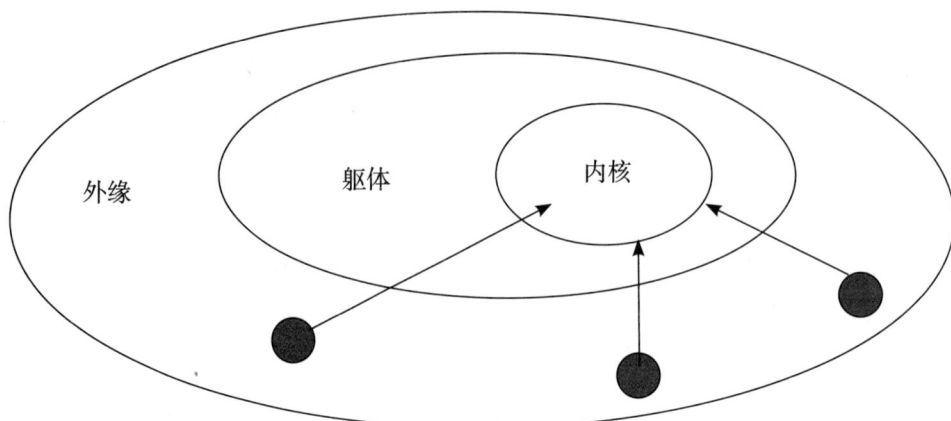

图 1-5　科学的发展

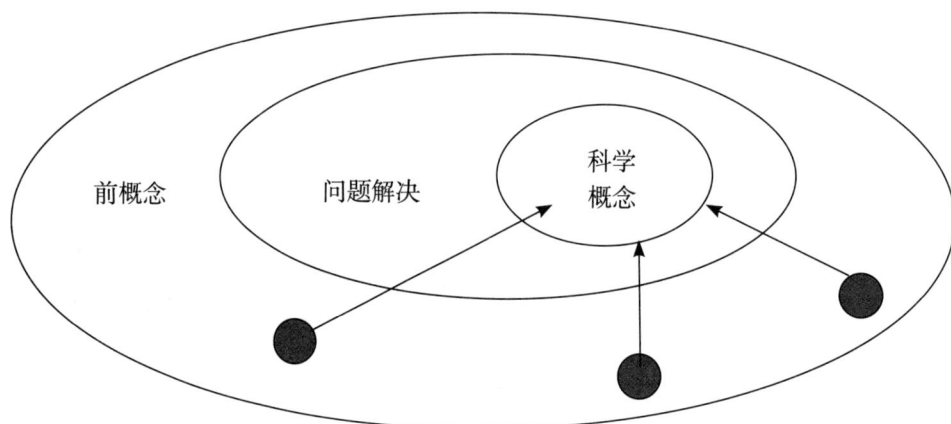

图 1-6　学习者科学概念的建立

5. 科学课程内容的选择

按照该理论可以得出，传统科学课程的弊病为：①仅仅包含科学理论的内核和躯体；②由于过于重视和强调内核知识，忽视了与内核相矛盾的、可供选择的其他知识；③由于过于重视和强调躯体知识，造成工具主义和实用主义的泛滥；④传统科学课程缺乏人文性的原因是将外缘知识排除在课程之外，而正是外缘知识的存在，才使科学具有深刻的人文性。

因此，建构文化性学科课程首先要重视外缘知识，而这些知识的主要来源应该是科学史和科学哲学。以某一科学理论为核心建构学科文化资料时，必然涉及两类历史知识。第一类是被证明为"正确"的历史知识，如哥白尼的"日心说"、开普勒的"天体运行论"、伽利略的"落体运动理论"等；第二类是被证明为"错误"的历史知识，如亚里士多德的"运动理论"、第谷·布拉赫的"地心理论"等。教育工作者往往只重视第一类历史知识，抗拒第二类历史知识（害怕引起认知混乱）。Igal Galili 领导的研究团队证明，第二类历史知识有其独特的教育价值，表现在：第一，它为学习者建立了宏大的物理学图景；第二，矛盾是科学发展和进步的必要因素，向学生揭示矛盾有利于学生学习科学；第三，矛盾和争论会使科学变得有趣；第四，由于错误概念和学生的前概念具有相似性，所以揭示错误概念的发展过程有助于纠正学生的前概念。

（四）教学案例

应用学科文化理论，HIPST 研究计划也致力于开发一些既包含科学发展故事，也能体现科学本质的各个层面的优秀教学案例。这些案例包括历史上的相关科学争论，科学仪器的简短教学录像，学生参与的开放性探究活动的过程等。探究形式多种多样，比如组织一些学生参与重演一个已经被确证了的科学理论的历史发展过程，学生通过扮演不同的科学家角色，重现科学家之间的争论和冲突，既使科学鲜活起来，又让学生以科学研究主人翁的方式建立起对科学的理解。显而易见，伴随这些具体的活动而反映出来的即是科学的本质。

该项计划发展的所有教学案例都是以学科文化理论为理论依据、按照大致相同的结构进行设计的，主要结构由九个部分组成：

第一部分，摘要。对本案例做概括性和简明扼要的说明。

第二部分，导言。用于引入学习的说明，包括涉及的现象和问题等。

第三部分，对主要概念和理论的发展历史的介绍。详细介绍概念和理论的历史起源，发展过程中各阶段的主要代表人物的观点及相关争论，目前已经被广泛接受的理论。

第四部分，主要概念和理论的历史和哲学背景，尤其是对科学本质的认识。从认识论和本体论的角度讨论概念和理论的演变过程，阐释不同哲学流派对科学本质的认识。

第五部分，教学目标群体、程度水平和教学收益。说明本案例教学适用的学生群体对课程所提供内容的学习应该达到什么样的高度，学生通过此案例的学习能发展什么能力。

第六部分，学习的活动、方式和媒体。为教学而设计的一些用于讨论的问题、实验（包括思想实验）及媒体资料（如网页、图片、音像资料等）。

第七部分，教学障碍。研究者预料到的教与学的难点，并提供一些突破难点的策略。

第八部分，教学技巧。研究者建议的一些有效的教学手段和教学方法。

第九部分，补充阅读。提供拓展性的阅读材料。

目前，该计划的各研究小组已经完成了相关课程的教材开发和用多种语言表述的诸多教学案例，相关的教学案例均可在其官方网站上下载。

（五）反思

1. 重新认识物理学

学科文化研究（包括科学哲学等研究）表明，物理学是一种特殊的文化，它具有稳定的结构：内核—躯体—外缘。与我们传统上所认识的物理学有所区别，它包含着本体论与认识论，有自身的价值、气质和精神追求。实际上，国内学者对物理文化的研究由来已久，但是长期以来处在一种初期、表面和零散的研究状态。研究课题主要集中在两方面：第一，对物理文化的本体论研究，包括对物理文化的定义、组成要素的研究；第二，关系研究，包括物理文化与物理教育、物理课程、科学普及教育等之间关系的研究。受国内文化研究的影响，多数研究者都以英国社会人类学家马林诺夫斯基的文化理论（Malinowski，1944）作为指导，比如解世雄教授受此理论的影响，将物理文化定义为："古代哲学家、近代物理学家和现代物理学共同体历经千年逐步创造的物理知识体系、观念形态、价值标准以及约定俗成的工作方法的综合。""它包括知识体系、观念形态、语言符号、社会组织四个基本要素。"

这种定义虽然清晰地反映了物理文化的各组成部分，但是各部分之间的关系和相互作用比较模糊，不能充分反映其作为整体所具有的价值。Igal Galili 的学科文化理论正好可以补充国内研究的这一不足，研究者可以此理论为基础，建立起系统的物理文化理论。这将对我们深入研究物理文化与物理课程的关系、科普教育的发展、物理学自身的发展等问题产生重大影响。

2. 重新认识物理课程

无论是基础教育还是高等教育，物理课程的培养目标一定要落脚于提升学生的科学素养；物理课程内容应该是一个整体，其整体性可以通过学科文化理论（物理文化）来实现，不能将其任意分割和打乱；要充分重视外缘知识，尤其是要重视外缘知识中错误的、过时的、矛盾的知识，因为这些知识将是学生改变前概念的突破口；教学过程是学生适应教师提供的物理文化的过程，课程开发者和物理教师需要为学生建构宏大的物理图景，学生从物理图景中获得启发，重演科学知识建立的历史过程，最终获得对知识的掌握；教师的知识储备除了要有物理学、教育学、心理学知识之外，还应该有科学史和科学哲学的知识储备；学生在学习过程中要注重外缘学习，强调与内核之间的对话；学生从课程中获得的将不仅仅是知识、能力、方法，还应该有物理文化的精神、规范和信仰。

3. 对物理新课程的启示

我国物理课程改革将普通高中物理课程内容分为 12 个模块，除了必修 1 和必修 2 外，其他 10 个选择性必修模块以三个系列呈现：以文化为线索的物理学、以技术为线索的物理学和以学科为线索的物理学。物理课程在实施过程中，各地则按照实际情况让学生学习其中的若干个模块。这种对于物理学的模块化区分在客观上打散了物理学的整体结构，从而为学生呈现了零散的、缺乏整体性和结构性的物理知识；这种区分在实践层面也会造成学生在某些知识方面的严重缺失。

三个系列的选择性必修模块所折射的正是课程开发者对学生将来发展所做的预判，因为学习者将来可能成为文化、技术、理论三个领域的人才，为了适应这种发展，需将课程内容做对应的区分。我们认为，这种逻辑及其体现的教育哲学是值得商榷的。物理课程的目的是提升学生的科学素养，科学素养是一种综合素养，它指向的是全面发展的个体。课程开发者应该考虑的是如何"扬长补短"，比如对于喜欢技术和应用的学生，应该在发扬他们这方面兴趣的基础上更加注重提高他们对学科本身和文化的兴趣。最后发展成为哪方面的人才的选择权在学生手里，是学生在学习过程中的自我分流过程，而不应该作为对课程内容进行区分的依据。

二、匈牙利《物理文化史》课程的启示

在理工科教育实践中，为了提升学生的人文素养，学校通常为学生开设各种人文社科类选修课程。这种方式的有效性虽不容置疑，但无论在实践中还是在理论上都存在一些不能回避的困难。在实践层面的困难有：第一，长期的分科教学和学科专业化造成理工科学生人文社会科学的基础比较薄弱，学生在选修此类课程时，面临的学习困难比较大；第二，一般来说，选修课的考核形式比较自由、考核标准比较宽松，在客观上容易造成学生对此类选修课重视程度不够。

从理论层面上来讲，科学与人文本应是相互融通的。正如李政道先生所说："科学和艺术是一个山峰的两面，它们融为一体，是不可分割的，只有这两方面都精通的人，才能站在山峰的顶端。"科学在其发生和发展过程中，处处都闪现着人文性的光辉。因此，科学本身就应该成为提升学生人文素养教育的基本素材。为了应对以上理论与实践的问题，学校除了开设一些高质量的、能让学生从中获得人文社科类基础知识和方法的选修课程外，还要立足于理工科学科本身，从科学与人文相融通的角度，开设一些能对学生进行人文熏陶的课程。匈牙利布达佩斯理工学院的物理教师为学生开发的选修课——《物理文化史》正是这样一个成功的探索范例。

目前在我国教育领域，基于理工科学科本身，以提升学生人文素养为目标的教材已经有很多，但是，像《物理文化史》这样一门以物理文化为基础，系统地研究了其课程的目标、内容选择与设计、评价方式及教学效果反馈的课程却很少见。

（一）《物理文化史》的课程理念

《物理文化史》是 21 世纪初布达佩斯理工学院为全校理工科专业学生开设的一门选修课，开设时间为一学期，最初的目的是希望能为必修课《物理学基础》做补充。除此以外，本课程的开发者还有以下三个方面的考量：

第一，探寻物理学伟大发现的历史过程及物理学家的人生轨迹是非常有意思的事情，尤其是将伟大的物理学家同与他同时代的不同领域（艺术、哲学）的伟大人物进行对照，如开普勒与莎士比亚、牛顿与莫里哀等。学生通过对他们的探究，不但可以扩展在人文社科方面的知识储备、提高自身人文素养，还可以激发进一步学习物理学的动机，培养学习物理学的热情。

第二，从本质上讲，本课程是要向学生展现人类文化中并行的两种文化——科学与艺术，尽管在这两个不同领域中从事研究的人所处的空间不同，但足以向学生揭示科学与艺术具有"平行性"的文化观念。所谓的"平行性"，就是指尽管科学家与艺术家有着不同的认识世界的方法，而且在其"作品"的表现形式上也体现出巨大差异，但也会经常表现出相似的对事物本质的认识。

第三，本课程以《物理文化史》为题，是因为把物理学放进整个人类文化背景中去考虑的时候，发现物理学首先是一种文化，它对大众产生最为深远和持久影响的不是技术功能，而是其作为一种文化的基本功能——对人类行为方式和思维方式产生影响。

（二）《物理文化史》的课程内容创新

《物理文化史》作为必修课《物理学基础》的补充，不再探讨物理学知识、规律和理论的具体细节，而是详述相关物理学家与他们同时代的艺术领域的一些伟大人物的重大发现、人生轨迹及个性特征，包括他们的兴趣和思想。

1. 内容选择

本课程分为 13 个项目，每一个项目都各自独立。每一个项目都注重对有关物理学家的人生故事、文化背景及同时代的其他物理学家和艺术家的介绍，强调文化历史性。这 13 个项目分别是：

（1）古代物理学及技术成就。

（2）中世纪对数学和物理学的兴趣。

（3）15~17 世纪艺术与光学的关系。

（4）16~17 世纪经典力学和天体力学的天才人物。

（5）17~19 世纪电磁现象的发现。

（6）19 世纪对热机和热本质的认识。

（7）原子结构和经典模型。

（8）关于相对论力学和量子力学的开创性工作。

（9）应用计算机程序研究声现象及其历史。

（10）凝聚态物质的发现和应用。

（11）天然放射性的发现和核能的利用。

（12）基本粒子及其相互作用研究的历史概述。

（13）匈牙利本土的物理学历史。

2. 课程教学设计和思路

为了凸显"平行性"的文化观念，设计者对每一个项目都按其时间发展顺序设计出了对应的"文化史编年表"。在这个文化史编年表中，展现有关物理学家和同时代的其他领域的人物（包括画家、作家、诗人、作曲家）及其他物理学家的肖像、生卒日期和主要观点。至于选择哪些领域、哪些人物为代表（尤其是艺术家的选择）是非常主观的，与具体任课教师的兴趣、爱好和研究领域息息相关。

我们以"16~17世纪经典力学和天体力学的天才人物"项目为例，说明课程设计者的处理方式。按照这一项目的文化史编年表，本项目主要涉及三位重要的物理学家，即布拉赫、伽利略和帕斯卡。除以上三位核心人物外，还涉及法国哲学家、科学家和数学家笛卡尔，荷兰物理学家、数学家惠更斯，英国剧作家、诗人莎士比亚，巴洛克画派画家鲁本斯，荷兰画家佛梅尔，法国数学家费马，法国喜剧作家莫里哀。

对于布拉赫，设计者主要介绍了他的传奇人生。因为该项目的设计者一直从事关于布拉赫的相关研究，所以积累了大量的关于布拉赫的材料，内容非常丰富。其中向学生展示了布拉赫的著作及大量照片，包括位于布拉格的布拉赫墓碑的照片。

对于伽利略，为了说明他所发现的惯性原理的跨时代性和伟大性，设计者专门设计了一个通常会被多数学生答错的问题，通过对这一问题及回答的反思，让学生深深地体会到在400年前已经被伽利略解决的问题，直到现在大多数人还在以亚里士多德的错误方式来理解。问题如下：

一个沿平直公路骑自行车匀速前行的人，竖直向上抛起一个高尔夫球，问将发生下面哪种情况：

（a）球将落在骑手前面；

（b）球将落在骑手后面；

（c）球将落在骑手头上。

对于帕斯卡，设计者则安排了一次讲座。讲座中除了要介绍帕斯卡在物理学和数学上的成就以外，还要大量介绍他作为作家和哲学家所取得的成就。比如，会涉及他那句被匈牙利著名诗人 D.Kosztolanyi 誉为世界文学史上最美妙的诗句："无限的空间和她永恒的寂静，深深震撼着我的心灵。"

除以上所述之外，本项目中还安排了一些开放性的小题目，有些题目需由学生自己或与同伴合作完成，并且将成果放在课堂上进行讲解。

3. 教学方式

本课程由于涉及的领域非常广泛，在具体的教学过程中教师会按照课程内容灵活地采用多种教学方式和教学媒体以达到教学目标。授课形式包括讲授、实验、讨论、专题讲座和学生讲演等。此外，多媒体手段及各种多媒体资料——只要设计者认为对学生学习物理有益——被恰切地应用在授课过程中。比如，在"关于相对论力学和量子力学的开创性工作"项目中，不但会向学生播放玻尔和海森堡在1941年见面时的音频资料，还会播放由英国剧作家迈克·弗雷恩（Michael Frayn）根据"1941年德国物理学家海森堡到被德军占领的哥本哈根发表演讲，并与他的老师和朋友玻尔见面，最后不欢而散"这一史实，创作的话剧《哥本哈根》的视频资料。

（三）《物理文化史》课程的多元评价

1.学生学习效果的多元评价

作为一门独具一格的选修课，对学生学习情况的评价不采用与必修课一样的形式。评价分为平时评价和期末评价，评价等级最高为"满意"。每一项目都会包括一些开放型的小题目，由学生独立或合作完成后在课堂上演讲。在教学过程中，每个学生必须参加至少一次讲演，教师则会按照其创新程度对其做出评价，结果作为平时成绩。只有具有独创性观点的演讲才能被评为"满意"。在学期结束时，教师会为学生安排相应的期末考试，考试内容分为两部分：第一部分是撰写一篇关于物理学家的论文，有字数限制，并且要求有详细的参考文献；第二部分是回答一系列对每个学生都不一样的问题，每个问题都经过精心设计，以多种多样的形式出现，都暗含设计者关于物理学与艺术"平行性"的文化观念。这两部分考试内容需要学生在家完成后提交给老师，老师则按照情况给予期末评价。要想获得较高的评价，学生必须详细阅读相关的课本并进行网络资源搜索。本课程最终的成绩由平时和期末成绩加权给出。

设计者对期末考试题目的设计是独具匠心的，这部分问题的题型包括选择、问答、连线及拼字谜等。下面各举一例，来领略在题目中实现物理学与其他文化相联系的创造性方法。

第一类为选择题：

谁是19世纪英国的物理学家，他不光是一位物理学家，还是画家、医生、音乐家、语言学家。

A. 牛顿　　　　　　B. 惠更斯　　　　　　C. 托马斯·杨　　　　　　D. 菲涅尔

第二类为问答题：

公元2005年为什么被定义为国际物理年？

第三类为连线题：

将以下特定人物和对应的研究领域用直线连起来。

特勒	全反射
哥白尼	熵
布莱克	滑轮
凯库勒	太阳中心理论
克劳修斯	氢弹
阿基米德	比热容

第四类为拼字谜：

以下7段表述分别是对七位科学家所做的描述，请将你认为正确的科学家的名字填写在对应的格子里（部分格子里已经填写有正确的字母）。完成后，灰色方框中的字母由上至下排列后将是一个常见的单词，试由此单词联想一位古希腊哲学家及其相关的一句名言，写出来并表述其含义。

（1）作为一位画家，他首先发现了作用与反作用定律。

（2）他的传记上可以写上"从摆钟到通过土星光环的光"。

（3）有两位著名的物理学家共有这个姓氏，其中一位后来成了开尔文勋爵。

（4）他创立了全息照相，并且激发了画家达利的创作灵感。

（5）他写出了行星运行规律，并且制造了一架望远镜，用它观测景物。

（6）最了解惠更斯个性的一位荷兰画家。

（7）法国物理学家，灯塔的透镜上刻着他的名字。

按照以上的论述，正确填写完毕后，如图1-7所示，灰色空格中的单词即为"numbers"（数字）。由"数字"一词，设计者希望学生联想到的是古希腊哲学家毕达哥拉斯及他的那句名言："数是万物的本源。"

	1.	L	E	O	N	A	R	D	O
		2.	H	U	Y	G	E	N	S
	3.	T	H	O	M	S	O	N	
		4.	G	A	B	O	R		
5.	K	E	P	L	E	R			
		6.	V	E	R	M	E	E	R
	7.	F	R	E	S	N	E	L	

图1-7　NUMBERS

2. 学生对本课程的主客观评价

课程组教师以问卷的形式对学生关于本课程的满意程度进行了调查，细节如下：

（1）您对本课程中物理学历史文化知识所占的比重怎么看？

其中，65.5%的学生认为比例适当，24.0%的学生认为应该再多一些，10.5%的学生认为应该有更多的物理知识。

（2）您对本课程中关于《艺术与物理学之间的平行性》的专题讲座有什么样的看法？

其中，65.5%的学生认为非常有趣；27.5%的学生认为有趣，并且希望有更多的相关介绍；7.0%的学生认为不太感兴趣。

（3）您对本课程中播放的视频《玻尔与海森堡》有什么感想？

其中，65.5%的学生认为很有趣，让他们加深了对两位物理学家的了解；29.0%的学生仅仅认为有趣；5.5%的学生认为很乏味。

（4）您对本课程的文化史编年表有什么样的看法？

其中，79.0%的学生认为很有趣，能激发了解每一项发明的时代背景的兴趣；7.0%的学生认为很有必要，但课本中的内容远远不够，希望能有更多的介绍；14.0%的学生认为没有必要。

（四）启 示

"万事万物是普遍联系在一起的。"物理学也一样，作为一门基础性的自然科学，它同其他学科之间存在着千丝万缕的联系，这种看似隐蔽的联系可以形式多样的、合理的方式呈现，匈牙利布达佩斯理工学院开发的《物理文化史》选修课就是一个典型的例子。通过认识这门课程，至少会发现：第一，将物理学与其他文化相联系的方式不但是多种多样的，而且可以恰到好处地实现；第二，对于一门选修课程，我们可以采取多种形式进行评价；第三，依托理工科学科本身开展对学生人文素养的培养不但可行，似乎也更为有效，甚至可以达到事半功倍的效果。

第二章　物理文化

从文化视角研究自然科学各分支科学是近年来科学研究的一个热点问题，而对物理学的文化研究已经取得了相当丰硕的成果。但是，将文化仅作为一种研究物理学的视角显然是有先天缺陷的，最终所产生的"瓶颈"必然限制更为广泛的研究。本章试图突破目前学术界仅从文化视角来研究物理学这门学科的樊篱，将物理学作为一种科学亚文化主体——物理文化，以其为研究的基点，并且以社会学家马克斯·韦伯（M.Weber）关于"意义网络"的文化定义方式来界定物理文化；借助 Igal Galili 教授关于学科文化结构的理论，建构物理文化结构的模型，并以此为基础，归纳物理文化的属性和特性，探讨物理文化的文化功能，提取物理文化的文化精神，构建起物理文化的初步理论框架；在此基础上，讨论物理文化理论下物理科学的本质、物理科学的起源与发展方式，以及物理文化理论对两种物理文化的传输方式（物理教育和科普教育）所产生的影响。

从所搜集到的资料来看，国内正式地提出"物理文化"这一概念，并对其做了界定的是解世雄教授。近些年来，物理文化研究很活跃，但综观这些研究，不难发现总体上存在以下几方面的不足：第一，没有对国外相关研究进行综述；第二，对物理文化的本体论研究还不够深入，比如缺乏清晰的界定，未建立物理文化的结构模型，没有分析各部分之间的相互关系等；第三，缺乏认识论的研究，即以物理文化为基础，对物理学本身、物理学的起源和发展等问题提出有价值的看法。这样一来，研究总体上还停留在表层化、概念化的层次，使得研究陷入一种"瓶颈"。

实际上国外对物理学的文化研究早已有之。主要观点有："科学是一种文化"（Horton，1967；Elkana，1971），"科学是一种文化过程"（Richter，1980），"最终我们知道，作为一种文化，科学自身高度分化成了不同学科和专业，科学专业正在逐渐被当作一种有着相当不同的社会控制系统、相对自主的亚文化……"（B.Barnes，1974）。近些年来，很多研究者从文化角度对物理学的学习做了深入研究。比如，日本神户大学教授通过对日本科学教育的历史研究，指出"科学教育（指的是非西方文化中的科学教育）的发展历史就是割舍本土的传统因素，消除与西方现代科学不相一致的本土观念的历史"，并且认为"现在已经是回归长期以来被割舍掉的和一直蕴藏在本土文化传统中科学教育因素的时候了"（M.Ogawa，1979）。

本章要解决的关键问题有四个：其一，界定物理文化的概念，区分易混淆的相关概念；其二，建构物理文化结构的模型；其三，归纳物理文化的属性和功能；其四，分析物理文化的建立对物理课程的价值。

第一节 物理文化概念的界定

一、文化

"文化"一词无论是在日常生活中还是在学术研究中，都是运用得最为广泛的词语之一。摩尔（Moore，1965）在《文化与社会的进程》一书中提到的对文化的定义有 250 多种。俄罗斯学者科尔特曼（H.H.Kulterman）在从事文化定义的对比研究时，发现对文化的定义已逾 400 种。文化的复杂性由此可见一斑。在美国文化学者克娄伯（A.L.Kroeber）和克鲁克洪（C.Kluckhohn）合著的《文化：关于概念和定义的检讨》一书中，对当时能搜集到的 160 多种文化定义做了详细研究并予以分类，具体概括为列举和描述性的、历史性的、规范性的、心理性的、结构性的和遗传性的六种类型。列举和描述性的定义认为文化是包括知识、信仰、艺术、道德、法律及习俗等的复杂整体；历史性的定义认为文化是人类一代又一代相传、积累而成的社会性遗产的总和；规范性的定义认为文化是一种生活和行为方式；心理性的定义认为文化是一种学习过程，学习对象包括传统的谋生方式和反应方式，以其有效性而为社会成员所普遍接受；结构性的定义认为文化是概括各种外显和内隐行为模式的概念，文化是人类的创造物，又是人类进一步活动的决定因素；遗传性的定义认为文化是团体中过去行为之积累与传授的结果。

造成这种文化定义的繁杂现象的原因不外乎三个方面：一是人类文化本身具有复杂多样性；二是研究文化的学者有各自不同的学科背景；三是即使是同一学科背景的学者，由于其研究的角度与出发点不同，也将会得出不同的结论。

考察众多的文化定义，对于文化基本存在两种不同理解。

一种是总和的文化定义，如《现代汉语词典（第 7 版）》中对"文化"的定义是：人类在社会历史发展过程中所创造的物质财富和精神财富的总和，特指精神财富，如文学、艺术、教育、科学等。这种"总和"的文化定义实际上是从外延上明确了文化的范围，它把人类所创造的一切财富都视为文化的外延。按照这种文化概念，任何物质的或是精神的社会产物都可以冠之以文化概念。这种定义最大的缺陷是把文化视为静态的成果，忽略了文化的发展特性，在一定程度上掩盖了文化的"化人"（塑造人）的重要特性。

另一种是整体的文化定义，如泰勒（E.B.Tylor，1871）的文化定义：文化是包括知识、信仰、艺术、法律、风俗及社会成员所获得的能力、习惯在内的复合体。

这种整体式的文化定义并没有指出文化的外延，而是说明了文化的组成部分，强调的是作为一个集合概念的文化。按照这种文化概念，整体中包含的部分，如科学、艺术、道德等不能被称之为科学文化、艺术文化、道德文化等，只能被称为文化的组成部分。

大多数社会学家和人类学家都倾向于整体式的文化概念，但同时又反对穷尽外延式的方法。他们认为文化有这样三个基本特性：第一，文化是人类群体所创造和习得的；第二，文化是群体共享的；第三，文化是建立在符号和意义之上的。

德国社会人类学家马克斯·韦伯正是在这种观念的基础上，发展出"文化是人类群体所编制的意义网络"的文化定义。按照这种定义，文化是相对于人类群体而言的，是由人类群体所编制的意义网络。而不同的人类群体创造了不同的文化，即不同的意义网络，不同的文化又代表了不同群体所具有的思维方式、行为方式和价值观，同时这种意义网络又具备广泛的社会共享群体。从这一点上来说，任何群体所创造的意义网络要成为一种文化，必定有共享的社会群体，即有一定的社会意义。因此，在界定具体文化时，用"社会意义网络"更能体现文化的社会性。关于"意义网络"的文化定义在近代得到了很多研究者的认同并得以发展，如英国学者布洛克（A.Bullock）等认为"文化是一个共同体的社会遗产：由一个民族（有时是故意的，有时是通过预见的相互联系及其结果）在他们特殊生活条件下不断发展的活动中创造并且（虽然经过各种程度不同的变化）从一代传向一代的物质手工艺品（工具、武器、房屋、政府、娱乐、场所、艺术品等）、集体的思想和精神制品（各种象征、思想、审美观念、价值标准等）以及各种不同的行为方式的综合"。

本书以马克斯·韦伯关于文化的概念为主要研究依据之一。

二、物理文化

（一）国外学者对物理文化的定义

首次将物理学作为文化的论述来自美国物理学家、科学教育学家费曼（Richard Feynman）。他在 1963 年出版的《费恩物理学讲义》中讲道："我讲授的主要目的，不是为你们参加考试做准备，也不是为你们服务于工业或军事做准备，我最想做的是给出对这个奇妙世界的一些欣赏，以及物理学家看待这个世界的方式，我相信这是现今时代里真正文化的主要部分。也许你们不仅对这种文化有欣赏，甚至你们也可能会加入人类理智已经开始的这场伟大的探险中去。"

美国马里兰州立大学教授 E.F.Redish 从物理教学的角度认为："当我们在对将来有可能成为科学家和工程师的学生讲授物理学时，我们应该讲授的不仅仅是物理学的事实，更不仅仅是物理学的概念和方法，我们应该讲授的是一种综合的文化——一种思维方式和一个物理科学共同体的行为规范。"Stephan Hartmann 和 Jurgen Mittelstrab 从物理学的作用出发，认为"物理学是最原始的科学范式，是构成技术和理性文化的基础""物理学享有所有科学的文化品质，并且是所有科学的源头，与此同时，作为一种技术文化的基础构成了现代世界的本质，物理学是文化的一部分，也是技术的基础"。

以色列科学教育专家 Igal Galili 认为，"物理学作为一种文化，是一代代物理学家的信仰和理想""物理文化对于人类是公有的，不管他来自哪个国家，哪个民族或者哪种性别"。

Cathrine Hasseren 在研究物理文化模型时指出："物理学不仅仅是一种关于信仰、价值和情感的文化，它作为一种文化是广泛地根植于民族（西方）文化之中的。"

可以看出，国外学者大都从精神层面定义物理文化，将物理文化视为信仰、理想、价值、思维方式、科学共同体的行为规范等，认为物理文化深深地根植于民族文化之中。

（二）国内学者对物理文化的定义

国内对物理文化的定义也有两种。

一种是解世雄先生于 1996 年给出的定义。他在《物理文化简论》一书中认为："物理文化是世界历代物理学家在创建物理学过程中，发现、创造和形成的物理思想、物理方法、物理概念、物理定律、物理语言符号、价值标准、科学精神、物理仪器设备以及约定俗成的工作方法的总和。"可以看出，这个定义就是以"综合"的文化定义为上位概念的。

另一种是厚宇德先生于 2004 年给出的定义。他在《物理文化与物理学史》一书中将物理文化界定为："物理文化应该具备广义文化的属性，它的特殊之处在于它是以物理学工作者为中心、为创造者、为实践者而向人类社会辐射的一种文化，它集中体现为物理学家的思想及思维模式、情感模式、行为习惯、价值标准、工作方式等。还包括以体现、表达物理思想、物理知识为目的的物质载体。"

从社会学对文化的观点来看，此种物理文化定义的特点在于：第一，突出了物理文化的创造主体——物理学工作者，因为文化是由人类创造的，一般的文化定义只强调文化的成果，陷入静态的、见物不见人的境地。第二，强调了文化的辐射性，即文化由人类所创造，有广泛的共享群体。第三，对物理文化的物质因素做了有意义的规定。他将物理文化的物质因素限定在以体现、表达物理思想、物理知识为目的的物质载体或以探索物理知识为目的的物理仪器设备内。这种限定无疑是有积极意义的，因为文化不能拒绝物质方面的体现形式。但是，因为物理学是一门应用非常广泛的基础科学，我们生活实践当中很多器物都或多或少地与物理学的应用有关，当把所有与物理学原理有关的器物都归为物理文化的物质层面时，显然就会陷入"很难将物理文化与其他文化区分开的窘境"。我们认为该定义的主要问题在于对"种差"的表述中，没有揭示出物理文化的特质，而只是从最容易区分的主体上做了简单的描述。

（三）本书对物理文化的定义

要对物理文化做出较为准确的界定，除了来自文化这一上位概念定义的影响之外，还有着更直接的原因。对"文化"这一词汇的定义，主要目的是区分"文化"与"非文化"，由于要从众多文化现象中抽象出代表众多文化现象的本质的（起码是普遍的或共同的）性质，它必然是高度抽象的和泛指的。而"物理文化"的实在性，又要求它是具体的和特指的，需要能够区分开"物理文化"与其他具体文化，譬如"科学文化""数学文化"等。要想从本质上而非简单地从字面上区分"物理文化"与其他具体文化，则需要考察物理文化从起源到基本形成的整个历史发展过程。

文化形成的一个标志是文化共同体的形成，也就是该文化稳定的创造群体的形成。作为物理文化的创造群体——物理科学共同体，它的形成是在近代科学革命之后，以牛顿的《自然哲学之数学原理》的出版为标志。众所周知，物理学是研究物质、物质结构及物质运动一般规律的科学。它的起源内源于人类对自然界的好奇与探索、外源于人类生存的需要和生产力的发展。从古希腊先哲对物质本原的探索（如德谟克利特的原子论）到亚里士多德对力与运动关系的思考、从中国古代的五行说到墨家对力与运动的本质的认识都是古代物理学的成就。其特点是研究者大多属于哲学家和神学家，研究方法基本上处于猜测和思辨的阶段并具有神秘主义色彩，其结论缺乏广泛的认知群体。随着文艺复兴运动和资本主义的产生和发展，哥白尼的《天体运行论》首先拉开了近代科学革命的序幕。人们开始逐渐摆脱神学和经院哲学的束缚，研究方法也发生了质的变化（如培根的经验归纳法、笛卡尔的理性演绎法、伽利略的实验与数学结合的实证法等）。随着牛顿经典力学体系的建立，在科学发展历程中逐渐形成了一个相对稳定的研究群体——物理科学共同体。此后，随着物理学理论和物质性成果的不断发展，物理科学共同体的独立性逐渐增强，也具有了更广泛的社会认知群体，进一步有力地推动了物理文化的发展。

考虑物理文化的整个形成过程，我们借用"群体"及"意义网络"两个基本概念，将物理文化界定为物理文化是由物理科学家群体在认识物理世界和相互交往中自觉形成的一种相对独立、相对稳定的，且能为广泛的群体所共享的社会意义网络。这个意义网络由物理科学语言符号、实验设备、研究成果、科学方法、精神和价值观念构成。这里，物理科学共同体是由物理科学研究者组成的特殊社会群体，是物理文化的创造主体；物理科学语言符号是用于物理科学共同体内部相互间的交往及成果表达的工具；物理科学方法是物理科学工作者在研究过程中所借助的并产生了成果的思想方法和研究方法；研究成果是物理学的理论、实验和实践性产品；共享群体是物理文化所辐射到的广泛人类群体（包括物理学工作者和普通大众），也是物理文化的受用主体。

三、物理文化与科学文化等相关概念之间的逻辑关系

当我们研究物理文化时，不可避免地会涉及科学文化、中国文化及西方文化等这些相关概念。那么，这些概念之间究竟存在怎样的逻辑关系呢？

在解决文化与其他具体文化之间的逻辑关系时，社会学运用了一个特殊的概念——亚群体（或称亚团体）。亚群体是一个相对的概念，即在每一个群体中都存在着由于年龄、性别、职业、宗教信仰、种族和社会阶层等的不同而形成的亚群体。一个人可以同时属于不同的亚群体（如学校教师可以同时是家长也可以是宗教教徒等），这些亚群体创造和共享的意义网络即为亚文化。由此来考虑：第一，文化（整个人类文化）是由人类群体创造的，包括所有的人造物，区别于自然存在物；第二，人类在发展过程中，由于社会分工或其他更为广泛的原因（性别、职业、宗教信仰等），使得一些亚群体出现，而这些亚群体所创造的并且具有社会性的意义网络即为亚文化。

科学文化的出现正是因为人类群体在发展过程中，出现了以探寻自然界客观规律为目的的亚群体，即科学家群体（或科学家共同体）。科学家群体所创造的描述自然界客观规律的意义网络就是所谓的科学文化。同时，随着科学文化的不断发展（包括科学家群体的壮大、研究范畴的拓展等），科学家群体逐渐出现了研究对象、侧重点等不同的亚群体，最典型的就是由研究对象的不同形成的数学家群体、物理学家群体、化学家群体等，这些群体创造并且共享的独特的意义网络就是数学文化、物理文化、化学文化等科学文化的亚文化。科学亚文化的形成是与科学的高度发展相关的，如英国科学社会学家巴里·巴恩斯（Barry Barnes）认为："作为一种文化，科学自身高度分化成了不同学科和专业，科学专业正在逐渐被当作一种有着相当不同的社会控制系统、相对自主的亚文化。"对于中国文化和西方文化，是从地域上来区分的。中国文化和西方文化，二者都可视为人类文化的亚文化，它们是由处在不同地域的两个群体创造和共享的。从历史上讲，科学文化脱胎于西方文化母体，这是因为以探究自然界客观规律为主要目的的科学家群体首先在西方文化中形成。西方国家自文艺复兴运动以来，由于对神权的否定和对人性的呼唤，使一批自然哲学家摆脱神学的桎梏，开始追问自然界和人类本身的规律，哥白尼、伽利略、笛卡尔等无疑是先驱。牛顿时代的到来，标志着科学家与自然哲学家的彻底分离，而分离过程本身就是科学家群体的形成过程。而在中国古代，虽然在科技方面也创造出了举世瞩目的科技文明，如四大发明等，但是由于许多复杂的原因（政治的、经济的、文化的等），科学家这种特殊的群体始终没有从自然哲学家群体中分离出来，也就是说没有形成科学家的群体，没有群体也就不会有社会共享的意义网络存在。因此，从此种意义上说，中国古代文化中虽然有优秀的科技成就（抑或可以说成是科学文化的星光），但是没有形成像近代西方那样的科学文化。

第二节 物理文化的结构

一、国外相关研究

（一）"学科文化"结构理论

参见本书第一章第二节第一部分的第（二）小部分。

（二）拉卡托斯的科学研究的纲领理论

拉卡托斯（I.Lakatos）是匈牙利犹太裔科学哲学家。1956 年他开始了他的学术生涯，开始数学哲学和科学哲学研究。1972 年在波普尔退休后接任伦敦经济学院逻辑学和科学方法系主任，并任《英国科学哲学》杂志主编，主要学术著作有《证明与反驳》和《否证和科学研究纲领方法论》等。

拉卡托斯认为，理论序列中各个理论是由某种连续性联系起来的，联系性把它们结合为研究纲领。研究纲领由正面助发现法和反面助发现法组成。助发现法可以凝结为科学方法。

反面助发现法告诉科学家哪些研究途径应该避免，即告诉他们不应该干什么；正面助发现法告诉他们应该遵循哪些研究途径，即告诉他们应该干什么。

研究纲领有两大特点：第一，它是有结构的；第二，它是开放的、发展变化的。因此，它有韧性，经得起"否证"的冲击。

科学研究纲领的结构由两部分组成，中心是"硬核"，周围是"保护带"（参见本书第一章的图 1-3）。

一个科学研究的纲领不同于其他纲领的本质特点在于"硬核"。科学研究纲领之间的不同在于"硬核"各异。这个"硬核"是约定的。反面助发现法禁止把否认矛头指向"硬核"，即不容许否证这个"硬核"。每个纲领的基础和基本假定是不可放弃或不容改变的，是这个纲领今后发展的基础。

保护带的调整有两个方向：一是导致进步问题的转换，那么这个纲领是成功的；二是导致退化问题的转化，那么这个纲领是不成功的。

一个纲领一开始总是淹没在反常的海洋中。比如，牛顿力学一开始面临很多反常问题，其中之一是人们应用万有引力定律算出哈雷彗星的轨道是一个抛物线，也就是说它永远不会返回。但是哈雷详细观察了其运行轨迹，最后算出它将在上次出现的 76 年后返回，76 年之后，虽然牛顿和哈雷都已去世，但哈雷彗星却真的回归了。这说明牛顿理论引起了进步问题的转换，因此牛顿的纲领是成功的。

正面助发现法有两个功能：一是决定科学家对研究问题的选择；二是通过建立辅助假说的"保护带"来消除反常，保护"硬核"。比如应用牛顿理论算出的行星运行的轨迹与开普勒定律有偏差，牛顿便提出假说：这是其他行星的干扰所致。

拉卡托斯的研究纲领方法论把研究纲领视为一个发生发展的过程。它容许研究纲领有一个成长过程，以便克服幼稚病。另外，当遇到反常时，由于保护带的作用，不能轻易抛弃"硬核"。科学家遵循的信念是"勇往直前，前途光明"。

新纲领往往是建立在旧纲领之上的。虽然新纲领总会出现内部不一致或者自相矛盾的情形，但不能因为自相矛盾或者内部不一致就抛弃它，新纲领一定会在矛盾中获得进步，比如玻尔理论。

那么什么时候才需要抛弃一个纲领呢？拉卡托斯认为，当出现一个新理论比旧理论有超量的内容时，也就是既能解释旧理论能解释的现象，又能解释旧理论无法解释的现象时，旧理论即被抛弃。

任何纲领都不能逃脱覆灭的命运，因此任何纲领都不仅有一个发生发展过程，也必然有个退化消亡过程。

拉卡托斯提出了一个重要的论点："没有科学史的科学哲学是空洞的；没有科学哲学的科学史是盲目的。"他主张科学哲学家应该向科学史学习，科学史学家也应该向科学哲学学习，科学哲学家和科学史学家应该相互学习。

拉卡托斯的科学纲领成功的地方是：将科学研究纲领化；纲领有其特定的结构。这对于研究科学的发展是极具价值的。它将科学研究中的关注点从"证实"转向"发现"，有利于科学的发展。存在的问题是：助发现法比较抽象；纲领的硬核到底是什么、包括什么等论述不够具体；另外，同一个科学问题可能有多个纲领同时存在，科学应该是在多个科学纲领的竞争中不断获得发展的。

（三）托马斯·库恩的科学革命的结构理论

托马斯·库恩（T.S.Kuhn）是美国当代科学史和科学哲学的带头人，他的《科学革命的结构》一书的出版被证明是 20 世纪科学哲学的转折点。他的理论的主要特点是强调科学进步的革命性质，这里的革命意味着放弃一种理论结构并代替以另一种不相容的理论结构。

库恩的科学革命理论大致是：前科学—常规科学（原有范式）—反常—危机—科学革命—新的常规科学（新范式）。在前科学阶段，各种学派间激烈竞争，没有统一的观点，逐渐地某一种观点能更好地解释科学现象，于是被更多的人接受，形成一种范式，逐渐进入稳定的常规科学阶段。在这期间，共同体在范式的指导下去解决各种范例，并在一定程度上完善该范式使其更精确。如果一个新现象或新问题不能被范式解释则称为

"反常"，反常的积累会使危机出现并最终导致科学革命，结果会有新的范式代替原有的范式。托马斯·库恩的科学结构理论如图 2-1 所示。

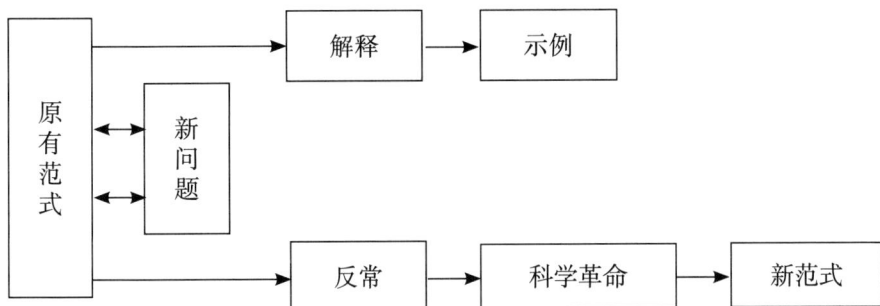

图 2-1　科学革命的结构

1. 范式

库恩的科学革命理论中的一个重要概念是范式，但在他的论述中，对范式的阐释是不确定的，比较模糊的解释是："范式"是一个科学共同体的成员所共有的东西，它代表着这一特定科学共同体的成员所共有的信念、价值、技术等构成的整体。

英国女学者马斯特曼（M.Masterman）把库恩在《科学革命的结构》一书中所用范式的意义总结了一下，一共有 21 种意义，大体可以分为三类：

第一类，形而上学范式，也叫作元范式，如一组信念、有效的形而上学的思辨、标准、看法、统率直觉的条理化看法等。

第二类，社会学范式，如公认的科学成就、一套科学习惯，可比作一项政治制度、司法裁决等。

第三类，人造范式，如教科书或经典著作、工具仪器及类比、格式塔图像等。

科学成就要成为范式，必须具备两个条件：一是能把一些坚定的拥护者吸引过来；二是能为重组过来的科学家提供很多可以研究的问题。

范式有认识功能，也有纲领功能。所谓纲领功能，是它有遗留的问题及提供了解决哲学问题的途径。此外，范式还留下了选择问题的标准。

2. 科学共同体

"范式"这个词无论在实际上还是在逻辑上都很接近于"科学共同体"。一个范式是，也仅仅是一个科学共同体成员所共有的东西；反过来，也正是因为他们掌握了共有的范式才组成了这个科学共同体。

科学共同体就是科学认识的主体，由一些学有专长的实际工作者组成，他们所受的教育和训练是共同的，他们探索的目标是共同的，他们培养自己接班人的方式也是共同的。共同体有这样一些特点：内部交流比较充分，专业方面的看法也比较一致；同一共同体的成员阅读同一资料，理解差不多；不同共同体之间难以进行业务交流；共同体有层次，如总体的科学家是一个共同体，下面的物理学家、化学家、生物学家又各自组成亚科学共同体等。

3. 科学发现始于反常

常规科学时期，科学就是解难题的过程，即科学家对范式所遗留的问题进行依次的解决。科学家需要做理论与事实两类工作。理论方面就是提高范式的普适性，事实方面包括发现新事实、提高实验精度等。

常规时期科学家会偶尔发现一些反常。如果反常越来越多，就需要对范式进行相应的调整，调整包括提出辅助性假设或者提出新范式。如果光靠辅助性假设无法消化反常，范式的基本原则受到冲击，再加上社会上的某种需要，范式将处于一种巨大的压力之下，科学就会陷入危机。

4. 科学革命及其新范式的产生

危机出现后，科学家对原有范式失去信心，于是寻找新范式，科学革命就这样发生了。科学新范式的提出有两个特点：第一，只有一个深深地沉浸于危机的人，才能提出新范式；第二，年轻人或者新手对于旧范式的信念不那么牢固，容易提出新范式。一般来说，新范式战胜旧范式，不是整个科学家的集体改宗，而是忠诚者数目的日益增长。正如普朗克所说，"一个新的科学真理的胜利并不是靠使它的反对者信服和领悟，还不如说是因为它的反对者终于都死了，而熟悉这个新科学真理的新一代成长起来了"。科学就是通过不断革命而进步的。

5. 范式的不可比性和必要的张力

新旧范式不但不相容，也不可比，或不可通约，这是因为科学家对科学有不同的标准和认识，各有各的概念网。范式在一定程度上就是科学家对于科学的世界观。

因为科学发展需要有常规时期的积累和革命时期的创新，所以科学研究必须在传统与变革、收敛与发散式思维之间保持必要的张力。科学革命只是科学史上很少见的事件，所以只有发散式思维是不够的，收敛式思维是科学进步不可缺少的。收敛式思维要求研究者按照研究规则，严格按照传统的研究方式、方法进行研究。

库恩的理论是近代科学哲学中影响最大的理论之一。尤其是范式、科学共同体、科学革命、必要的张力、不可通约性等概念与理论，被广泛应用到各个领域。库恩理论的最大价值是把社会、心理、价值观等因素引入科学研究当中。他强调常规科学的重要性，强调收敛式思维对于科学的价值，但是由于科学革命的结果是新范式代替旧范式，科学发展过程是一种替代式、间歇式的发展过程，所以这是与科学史不相符的。

（四）法伊尔阿本德多元理论和无政府主义认识论

法伊尔阿本德（P.Feyerabend）出生于奥地利的维也纳，1947 年进入维也纳大学攻读历史、物理学和天文学。20 世纪 50 年代在英国布里斯托尔大学和维也纳的科学与艺术学院任教，20 世纪 60 年代曾同时在美国加州大学伯克利分校、耶鲁大学和西柏林自由大学任教。主要著作有《微观物理学问题》《实在论和工具主义——评事实支持的逻辑》《经验论问题》《反对方法：一种无政府主义知识论纲要》等。他的主要理论包括如下几个方面：

1. 理论一元论和理论多元论

理论一元论禁止理论多元论。理论一元论容易导致忽视对理论起关键作用的证据，而把一个理论转变为教条的形而上学系统。

理论多元论是客观知识的本质特征。理论的多元性并不是像库恩所说的理论的初级阶段，最终被其他理论替代。不管一个理论与事实是多么符合，不管它的用途是多么普遍，不管它的存在有多么必要，只有在与另一个理论比较后才能证明这个理论究竟如何。另外，多元的理论提出得越早越好。

2. 韧性原理

韧性原理是指在许多理论中选出一种希望其取得成功的理论，即使遇到巨大困难也要坚持。其根据是理论可以发展、可以改进，最后可以适应起初它完全不能予以解释的事实，也就是理论有韧性。另外，实验结果是可错的，不能过分相信实验结果。

3. 扩散原理

韧性原理是我们在遇到难以解释的事实时仍然坚持理论 T，但是我们还可以使用其他理论 T1、T2、T3 等。这些理论突出了 T 在事实面前的困难，又提供了解决困难的方法，必须承认扩散原理。扩散原理是加速科学革命的方法。

4. 怎么都行

在科学工作中坚持一种固定不变的方法论的思想与科学史不相符合。科学史上没有一种认识论规则是不曾被违反的，不管它多么有道理、有多么充分的根据。科学研究行动包含多种可能性。因此，人类在认识过程中唯一可以坚持的原则是"怎么都行"。

5. 克服科学沙文主义

任何思想，不管是古代的神话、现代的偏见，还是专家的冥想、怪人的幻想都能改进我们的知识。最先进、最可靠的理论也不是保险的，因此今日的科学可能变成明天的童话，最可笑的神话最终可能变成科学中最为扎实的部分。

6. 无政府主义认识论

无政府主义认识论是指永远不忠于也不反对任何意识形态。它没有纲领，也反对一切纲领。不管观点多么荒谬、邪恶，都不会拒绝去考虑和使用，没有任何方法是不可缺少的。它反对普遍标准、普遍规律、普遍观念。

法伊尔阿本德的理论无疑是极其反叛的。其理论的价值很明显：第一，理论多元论倡导理论间的竞争；第二，反对普遍的标准，倡导质疑；第三，科学如同其他知识，没有任何优越地位；第四，反对方法，科学研究可以借助一切可以借助的力量，包括神话。当然，这种理论也是很危险的，可能陷入科学的相对主义及否认科学的客观价值。

二、国内相关研究

国内研究者普遍接受英国社会人类学家马林诺夫斯基（Malinowski）关于文化结构的理论。马林诺夫斯基认为，一种文化应该包含四个方面：一是物质设备，二是精神产品，三是语言符号，四是社会组织。

解世雄教授由此认为，物理文化是科学文化的一个子系统，它是一种高品位的文化，它发源于西方，并从西方向全世界传播，逐渐成为全世界人民共有、共享的主流文化之一。物理文化是世界历代物理学家在创建物理学理论过程中，发现、创造和形成的物理思想、物理方法、物理概念、物理定律、物理语言符号、价值标准、科学精神、物理仪器设备以及约定俗成的工作方法的总和。因此，物理文化由四个要素构成。

第一，知识体系。自牛顿经典力学创立 300 多年来，世界物理学共同体创造了庞大的理论知识体系，进行了有组织的知识传播，使物理知识不断地积累和传播，逐步建立了分支理论知识体系：高能物理学、核物理学、原子物理学、光物理学、凝聚态物理学、等离子体物理学、声学、理论物理学等，各分支物理学又有自己的分支体系。

第二，观念形态。世界物理学共同体在认识和传播物理规律的过程中，创造和形成的科学原理、科学方法、科学精神及价值标准，构成了物理文化的观念形态。

第三，语言符号。物理学在发展过程中创造了有特殊意义的语言符号、模型，定量地反映物理知识。

第四，社会组织。物理科学共同体是物理文化的活的载体，由国际纯粹物理和应用物理学联合会、国际物理教师联合会等国际组织及世界各国物理学会、物理教师协会等组成。

这种定义虽然全面、清晰地反映了物理文化的各个组成部分，但是各部分之间的关系和相互作用比较模糊，不能充分反映其作为整体所具有的价值。而 Igal Galili 的学科文化理论正好可以补充国内研究的这一不足。研究者可以此理论为基础，建立起系统的物理文化理论。这将对我们深入研究物理文化与物理课程的关系、科普教育的发展、物理学自身的发展等问题产生重大的影响。

三、物理文化的结构

结合前面的讨论，在批判性地接受库恩、拉卡托斯、法伊尔阿本德的科学哲学理论的基础上，以 Igal Galili 的学科文化结构为理论基础，我们提出了关于物理文化的结构。

物理文化是一个具有结构性的整体，其结构也由"内核—躯体—外缘"三部分组成（图 2–2）。

物理文化形成的内在标志是物理文化结构的形成。

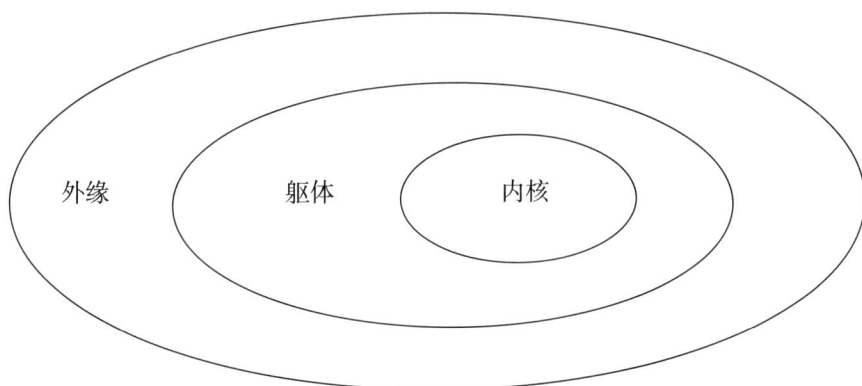

图 2-2 物理文化的结构

内核——基本概念、原理、思想方法及物理语言符号，包括其隐含的哲学观念。比如，波动光学的内核是光的电磁波和横波，光的干涉和衍射等。其隐含的哲学观念就是波动说创立者对于光是波动这种认识的坚持与探索，这是物理文化的"真"。

躯体——基本实验、仪器和应用。以波动光学为例，透镜、光栅，双缝干涉实验、单缝衍射实验、光栅衍射实验等，这是物理文化的"善"。

外缘——历史上的相关理论、相矛盾的理论、超前的理论和失败的理论，还有那些用该理论不能解决的问题。以波动光学为例，惠更斯的波动理论认为光是波，这也是波动光学的内核，但是他认为光是机械波，这是波动光学的外缘。用波动光学不能解决的问题是光电效应、康普顿效应等。真、善相融合、相统一就是"美"。

物理文化结构就是真、善、美的高度统一。

四、物理文化的精神

就字源上来说，精是提炼或挑选之意，神是能动的作用之意。从此角度讨论，一种文化的文化精神应是在该文化发展过程中被筛选出来的，被共同体认可的一种具有内在动力功能的高度抽象和概括的概念。文化精神集中表现于文化共同体对价值取向的追求和行为的方向，也正是文化精神指导该种文化不断前进。

众所周知，科学一开始有两个起源：一个主要是为了满足人们对未知世界的好奇，另一个主要是为了改造生产工具。前者是对未知世界之"真"的认识，是主观符合客观；后者则始终孕育着社会的"善"，是客观符合主观。其实，二者都是在人类的内在精神追求和价值取向的驱使下形成的。物理学的研究对象决定了物理文化的最基本的功能是要实现对物质、物质结构及物质运动的一般规律之"真"的认识；当某种"真"的认识借助技术服务于社会，使广泛的群体受益，即表现为物理文化的"善"。而"真"与"善"在物理学体系本身及在物理文化中实现统一时即体现出一种独特的"美"。

从物理文化的结构来说，"善"主要来自物理学的应用——躯体，"真"来自物理学的核心——内核，而真、善相统一形成物理文化的结构体现的便是物理学之美。

对物理文化从萌生至今的发展过程进行考察，不难发现上面所谈的对真、善、美统一的追求贯穿始终，而某一事物的精神必然是能够贯穿在该事物发展的全过程中的高度抽象的东西。我们认为，物理文化精神，其主要内涵就是物理科学共同体对物质、物质结构及物质运动的一般规律之真、善、美统一的执着追求。在漫长曲折的历史过程中，物理文化之所以能够在物理科学共同体的相互交往中形成，得以传承和不断发展，正是这种物理文化精神的内在驱动。

第三节　物理文化的属性和特征

作为科学文化的亚文化，物理文化除了具备科学文化的普遍属性——共性之外，还具有其独特的文化属性。

一、物理文化的属性

（一）科学性

科学性是物理文化的基本属性。物理文化的科学性并不是意味着物理学家群体所创造的成果是绝对真理，而是表明物理文化的形成必须具有科学的依据（如处于系统与整体理论中的和谐自洽的理论论证和实验验证）。在概念的界定中，前面已经提到，物理文化的形成和发展，既是科学的研究方法的产生及合理运用的结果，也是物理学家群体对于自然界客观真理不懈追求的结果。

（二）思想性

文化进步的本质就是人类思想的进步。物理文化在每一阶段所取得的进步都是科学思想发展的反映。物理文化的思想性，一方面是说物理文化本身蕴含着丰富的科学思想，因为文化的发展史就是人类思想的发展史，物理文化的产生和发展本身就蕴含着科学思想的产生、运用；另一方面是说物理文化本身蕴含的思想价值能帮助人们形成正确的世界观、宇宙观，掌握基本的科学方法，为认识自然、社会及人本身提供强大的思想武器。

（三）人文性

人文性是物理文化的又一基本属性。不同于对科学性的认识与重视，无论是对物理学的认识，还是对物理课程的认识，人文性都是长期被忽视的重要属性。古汉语中"文"通"纹"，即做标记的意思。按照这种逻辑，"文化"就是在自然物上打上人的印记，就是"人化"，而有"人"就有"人文"。从这个意义上说，物理文化的人文性就是指物理学家这一特殊的人类群体在创造和发展物理文化的过程中所展现的个人及群体的情感、意志、道德、精神、价值观念，以及对人、人类社会终极命运的关怀等，这些无形的东西渗透物理文化的各个方面。

（四）审美性

审美性是指物理文化本身具有满足人们审美需求、符合人们某种审美标准的美学特征。物理文化的美学特性表现在物理概念、规律及理论体系的简单、对称、和谐、统一等方面。不同的人对于物理学的美学特征有不同的感受，比如杨振宁先生所举的例子："虹和霓是极美的表面现象，人人都可以看到。实验工作者做了测量以后发现虹是42°的弧，红在外，紫在内；霓是50°的弧，红在内、紫在外。这种准确规律增加了实验工作者对自然现象的美的认识。这是第一步。进一步的唯象理论研究使物理学家了解这42°与50°可以从阳光在水珠中的折射与反射推算出来，此种了解显示出了深一层的美。再进一步的研究可以更深入地了解折射与反射现象本身可从一个包容万象的麦克斯韦方程推算出来，这就显示出了极深层的理论架构的美。"

（五）系统性

根据韦伯斯特（Webster）词典的定义，系统就是形成一个整体的相互联结的事物的聚合体，系统是一个复杂但是有条理的整体。

物理文化作为科学文化的一个亚文化，有自己的系统结构。按照文化的定义，系统可以共同体来区分，也可以研究对象来区分，因为共同体往往是以研究对象来划分的。系统中处在最高层次的是所有物理学家这一特殊共同体形成的文化，也可以说成古今中外的物理学家共同体对"物质组成、相互作用和运动基本规律"的研究形成的文化。在这一系统下又有以地域区分的物理文化，如中、西物理文化；有以时期（代）区分的古、今物理文化和现代物理文化；有以研究领域区分的文化，如光学、热学、电磁学等文化。处在系统最底层的是针对同一问题、不同理论流派所形成的文化，如量子理论的波动理论和矩阵理论，都可以视为量子物理文化的亚文化形式。物理学的各种亚文化之间相互影响，共同推动物理文化的发展。

二、物理文化的特征

（一）学科性特征

物理文化的学科性特征是物理文化区别于其他科学亚文化的主要特征。物理学作为科学的分支学科，已经成为一门成熟的科学学科，它是在一代代物理学家对物理世界的不断追问与探索之中逐渐形成的。在形成过程中，逐渐确立了"内核—躯体—外缘"的学科文化结构，而这个学科文化结构的内核，从广义上来说是关于物理世界的基本规律，从狭义上来说就是力、热、电、磁、光、量子等物理学科分支的基本规律。在学科文化结构形成的过程中，逐渐积淀起了独有的文化精神、价值追求、道德标准和行为规范。

（二）整体性特征

整体在哲学上是指若干对象（或单个客体的若干成分）按照一定的结构形式构成的有机统一体，是与"部分"相对而言的。整体包含部分，部分从属于整体。整体具有其组成部分在孤立状态中所没有的整体特性。物理文化是一个包含"内核—躯体—外缘"三部分的整体结构，它是一种整体的文化形式，结构中的每个个体（内核、躯体和外缘）都不能成为文化，也不能发挥文化的功能，只有个体形成一个有机的整体时，才能显示物理文化的功能。

（三）实验特征

英国经验主义哲学家培根认为，一切科学知识都必须从不带偏见的观察开始。物理学之所以能从自然哲学中诞生，最主要的原因是实验方法的建立。实验方法具有使过程纯化、简化和定向化，使现象具有可重复性等特点，可以对自然现象进行间接的研究。伽利略最早将实验方法引入了物理学，他为了研究惯性运动和自由落体运动，精心设计了斜面实验，为建立惯性定律和自由落体定律做出了重要贡献。

此外，物理学作为一门经验科学，其所有理论、规律最终都需要经过实验的检验。一个理论假设被提出后，经过实验检验才能被确立为理论。因此，物理文化核心的特征就是实验特征。

（四）数学化特征

近代经典物理学（力学）的形成，很大程度上要归功于数学工具的使用。综观物理文化的发展历程，是伽利略首先把数学化思想引入了物理研究中，使物理学从定性的描述阶段进入了定量分析和计算阶段。

数学化包括两个方面：第一，所有的物理学理论最终都能用数学语言（包括符号、公式）来表达；第二，物理学规律都是通过严密的数理逻辑推演建立的。牛顿的《自然哲学的数学原理》就是用欧几里得几何学和微积分这两种独特的数学工具，对基本概念（时间、空间、质点、动量、力）及其相互联系的描述和推演。

正是由于数学化思想的引入和使用，才使物理文化向着定量、精确和体系化的方向发展。目前普遍的共识是，数学化已成为衡量一门科学成熟与否的重要标志。

（五）理想化特征

理想化方法的基本特征是提取现实事物的某种纯粹的、理想的本质或状态，抓住事物的主要矛盾，排除次要矛盾，不但能使过程得到简化，还能体现出事物发展变化的本质。理想化方式有很多种形式，如理想概念、理想模型和理想实验方法。速度、质量、原子、分子……就是典型的理想概念，质点、理想气体、理想热机、单色光……就是典型的理想模型，伽利略的斜面实验、爱因斯坦的追光实验、升降机实验……就是典型的理想化实验。

可以说，物理学就是建立在大量的理想概念、模型和方法之上的。

第四节　物理文化的课程价值

对物理学的文化研究表明，物理文化是由物理科学共同体在认识物理世界和相互交往中逐渐形成的一种相对独立、相对稳定的社会意义网络。这个网络由物理科学研究者、研究体系、制度、物理科学语言符号、物理学的科学思想方法、物理学的研究成果以及其共享的群体构成。物理文化集中表现为物理科学共同体对物质结构、运动及相互作用之真、善、美的追求。

区别于物理学科的科学性、逻辑性、实证性，物理文化侧重于强调物理学的人文性、思想性、历史性和审美性，体现着人在物理学发展中的地位、作用及物理学对人类社会本身的影响。综上所述，我们认为物理文化的课程价值主要体现在以下几个方面。

一、展现物理科学产生的文化历史背景，有助于深刻理解物理学知识及其意义

以经典物理学为基础的近代物理学发源于西方文化，物理学在产生和发展过程中不可避免地被烙上西方文化的烙印。现代科学的文化研究表明，科学知识的产生是根植于社会之中的，它与科学共同体的文化心理因素是有很大关系的。另外，现代文化心理学研究也表明，任何特定的心理过程都内在地蕴含着文化因素。不仅如此，任何一种理论，包括它使用的概念、命题、预设也都是文化的产物。不同的语言、文化背景会使人对同一概念或理论产生完全不同的理解。

在我国的物理教育中，学生初次接触物理学的时候首先遇到的就是文化背景这个问题，尽管它非常隐蔽，但是对学生深刻理解物理学知识及意义有很大的阻碍作用。学生在初次学习物理学时，物理学规律、原理的表述及数学形式、物理量及物理量的单位等都是学生首先要遇到的实实在在的文化障碍，如阿基米德原理、牛顿运动定律，$F_浮=\rho g v_排$、$F=mg$、力（N）、压强（Pa）等，这也就是跨文化研究中所说的文化障碍的主要客观因素。若物理课程不从文化的角度做必要的解释，将影响学生对知识的深刻理解。另外，西方近代物理学之所以能从经院哲学的束缚下独立出来，形成一门独立的自然科学，是科学先辈以科学的研究方法与神学不懈斗争（甚至是以生命为代价）的结果。因此，像哥白

尼、布鲁诺、笛卡尔、伽利略等科学先驱，像经验归纳法、理性演绎法、实验法和数学结合的实证法等方法，在物理文化史上的意义是非常重大的。物理课程若对科学家所处的社会文化背景不做足够的介绍，这些科学家、研究成果及研究方法对于学生来说就只是一些普通的名词，不会理解其在科学文化史上的重大意义。

二、展现物理学及其方方面面的联系，有助于树立正确的科学观

对科学的认识包括对科学本质的把握，懂得科学能解决什么问题、解决不了什么问题（有效性和局限性），科学知识是怎样产生的及科学对社会的作用等。作为文化的物理学，它涉及物理学产生、发展及应用的各个方面：物理学家的文化背景、心理倾向，物理科学共同体的追求，物理科学理论产生的社会背景，物理科学的应用领域及其对人类社会产生的巨大影响，等等。只有展现物理学及其方方面面的联系，才能客观地展现科学到底是什么、科学对人类社会的影响，以及科学是如何发展的。

传统物理课程将科学的功能无限放大，认为科学能解决一切问题，包括精神方面的问题。例如，在物理教学大纲中一直强调，教学"必须使学生认识到，在我们这样的国家里，物理学研究和应用有着无限光明的远景，将给我国人民带来不可限量的利益和幸福感"。

其实很清楚，科学的发展逐渐表明，科学解决不了所有问题，尤其是精神层面的；科学在带给人类幸福的同时也会带给人类巨大的灾难，如环境污染、核辐射等等。另外，传统科学课程中隐含着这样一种科学发展观：科学是一个个科学家利用正确的科学方法独立研究的成果。例如，在教材中常常有这样的描述："哥白尼提出了具有划时代意义的日心说""法国科学家库仑，用精确的实验研究了静止的点电荷间的相互作用力，于1785年发表了以他的名字命名的定律""牛顿根据他的研究成果，并且把它推广，认为宇宙万物之间都有这种力，在1687年正式发表了万有引力定律。"库恩的研究揭示出把个别发明和发展孤立起来是有困难的，还表示出对科学是由个别科学家做出贡献而组合在一起的这种累积过程的极大怀疑。

正如牛顿所说，他是"站在巨人的肩膀上"，科学是科学家共同体共同的研究结果，是一项继承性的事业，如开普勒三定律的研究结果是在第谷的大量天文观测数据的基础上得出的；在库仑之前，埃皮诺斯、普里斯特利、诺比森和卡文迪许等都对电荷间的作用力做过深入的研究；万有引力定律是在哥白尼、开普勒、伽利略、惠更斯、胡克等人研究的基础上，又经过牛顿的长期探索才得以完成的。此外，传统物理课程中隐含着这样一种科学发展观：科学研究成果是科学家在一定目的下，应用科学的研究方法和严密的逻辑推理所得到的结果。其实，在科学家的科学研究过程中直觉、想象、审美、灵感等非智力因素起着非常重要的作用，如爱因斯坦所说"严格地讲，想象力是科学研究中

的实在因素"；哥白尼日心说的建立受到毕达哥拉斯学派理论中宇宙和谐思想的启发；库仑在研究中是运用对称的观念使两导体球带上了等量电荷，并且坚持认为 r 的指数不是自己测得的数据，而是和万有引力定律中的 r 的指数一样，因为他坚信物理定律都是简洁的。

由此我们可以看到，课程很容易展现给学生一些错误的科学观念，尽管这是课程编制者不想看到的。这种错误的科学观念源于社会本身对科学的错误看法，是将科学与社会及各方面隔离的产物。课程必须向学生展现物理学（科学）及其与方方面面的联系，才能使他们形成正确的科学观。

三、展现物理学的人文内涵，有助于人文精神的提升

被人们广泛关注的两种文化的分离即科学文化与人文文化的分离，不只是科学学科与人文学科之间的分离，还包括科学活动（研究、教育等）本身将科学的人文价值排除在外。从操作层面上讲，学校教育要实现科学与人文的融合教育，不只是要在课程设置上提升人文学科的分量，更加广泛和现实的空间应该是在科学教育中回归科学的人文价值。

人们对人文精神的普遍看法是，"人文精神是人类以人为对象，在追问人存在的合理性的理想探索中提升出的一种价值观念体系，人文精神强调人的本质，注重人的存在和发展，关注人的权利、价值和人类的命运"。人文精神从宏观上表现为人对自身、对他人、对人类，以及对社会的求美、求善的态度。

要在物理科学教育中进行人文精神的教育，物理科学是否具有人文内涵是关键。近代科学的研究表明，科学是一种特殊的文化。而文化就是人化，因此其中必然包含丰富的人文内涵。比如，哥白尼的日心说粉碎了宗教神学对人的束缚，使科学得以从"教会恭顺的婢女"中解放出来，激发了人们探索自然界真理的欲望；笛卡尔的"怀疑原则"主张怀疑经院哲学在内的一切在过去被当作真理的东西，敢于向权威挑战、批判和怀疑精神由此兴起；伽利略和牛顿所奠基的经典物理学，使人类的精神世界开始挣脱传统思想意识的桎梏，人生而平等的民主思想、人与自然和谐发展的思想开始萌发；哥白尼的日心说比托勒密的地心说更简洁、和谐；爱因斯坦的狭义相对论解决了麦克斯韦电磁场理论的不和谐，即科学研究中包含着科学家对美的鉴赏和追求，使科学的内容与形式中都积淀了美的因素。此外，物理学的应用对人类社会的巨大推动作用、物理学家所表现出的对人类社会的关注及自身的高尚品质等，都是物理文化的人文内涵。

可以看出，物理文化的发展史是一部对真、善、美不懈追求的历史，是人的探索欲望、怀疑精神、批判精神、民主意识、审美情怀等不断被张扬的历史过程。而这些，正是进行人文精神教育的重要素材。传统的物理（科学）教育由于受到技术理性和工具理性及效率原则的控制，物理课程的目的嬗变为使学生在较短的时间内获得最多的知识。

在教育实践中，逐渐放弃了物理学（科学）的人文内涵，在一定程度上导致学生人文精神的缺失。

四、展现我国物理文化的成就，理性认识中西科学的差距，树立繁荣祖国科学文化事业的责任感和使命感

由于中学物理课程的内容基本上以近代物理学为核心，而近代物理学产生于西方文化背景，所以物理课程的内容基本上都是西方文化中的科学成就。一开始，学生会产生这样的疑问：为什么物理课程中介绍的物理学知识都是西方国家的成就？我国怎么没有？教科书中偶尔提到的中国古人的研究成果与西方科学比起来相形见绌。在此情况下，学生在物理课程中不但得不到对自己国家文化的归属感，而且会产生对自己国家文化的自卑感，以及对西方文化的过分崇拜和认同。

事实上，我国古代科学成果中就有许多物理文化的星光，并且远远早于西方国家。比如，墨家关于杠杆和浮力的知识，比西方阿基米德早约两个世纪；早在公元前 300 多年，墨家和惠施就提出了朴素的原子说；公元 11 世纪，沈括描述的用纸游码演示的弦共振现象比欧洲早了 6 个世纪；色散的概念也较牛顿早提出了 1500 多年；春秋战国时期就已经知道了小孔成像和凹面镜成像的规律，并且用实验法测定了凹面镜焦点；公元前 2 世纪，我国就已应用平面成像原理潜望远处的事物。近代以来，虽然我国的科学文化逐渐落后于西方国家，但"五四运动"以来，经过艰苦的努力，使近代物理学在我国得以本土化，表现在研究体制的建立、学术研究的独立等多方面。迄今为止，已经涌现出了许多享誉世界的物理学家，如清华大学第一任物理系主任叶企孙测定的 4 位数普朗克常数 h 的值，在物理学上沿用 10 多年；严济慈先生对石英在电场中的"反常现象"的精确测定，后来被应用到许多方面；还有像杨振宁、李政道等获得过诺贝尔物理学奖的华裔物理学家。另外，值得一提的是中国古代思想家不少富有哲理性的精辟论述，在现代自然科学发展中引起了异乎寻常的反响，成为现代科学理论思维发展的源泉。现代越来越多的科学家已经认识到，西方近代科学思想与中国文化对整体性、和谐性理解的整合，将形成现代科学精神的新的自然观。

在物理课程中介绍我国古代物理文化的成就、近现代我国物理科学的成就、传统文化思想在现代物理科学中的生命力等，既能避免学生出现文化游离感和自卑感，理性认识中西物理文化的差距，也有助于学生树立繁荣祖国物理文化的责任感和使命感。

五、展现物理文化的发展对人类主体性精神的解放，有助于培养主体性品质与精神

人的主体性就是人作为社会生活的主体在各种社会实践活动中表现出来的根本属

性。主体性包括自主性、主动性和创造性三个方面的内容。

因此，弘扬、培育人的主体性是任何教育理应追求的目标。联合国教科文组织在1996年发表的《教育——财富蕴藏在其中》明确提出，教育要使学生学会学习、学会生存、学会合作、学会创造。这正是人的主体性高度发展的表现。一般来说，个体之所以能获得主体性结构和要素，在于人是社会动物、文化动物。人只有通过社会化过程，通过社会交往，接受并建构文化，才能为人并确证人之主体性的自觉意识和本质力量。教育过程就是向学习者提供一定的文化过程，使学习者能在较短时间内掌握凝结着人类集体智慧和价值的文化，使学习者实现自己的社会化、主体化。

卡西尔（E.Cassirer）认为，"作为整体的人类文化，可以看作人类不断解放的历程"。这就是说主体性是人作为社会生活主体的根本属性，人类文化的历史就是主体性的唤醒、弘扬、进化的历史。

文化是人类本质力量对象化的结果。文化发展的目的是提升人的主体性与意义。物理学作为文化，是物理学家有目的、有意识、积极主动和创造性的探索过程和结果，是对物质组成、运动及相互作用之真、善、美的不懈追求。我们知道，在中世纪，神性高于人性，一切皆以上帝为核心，人性受到压制和约束，这时候的科学只是神学的附庸。文艺复兴对人性的呼唤及启蒙运动对理性的启蒙，使人们在思想上逐渐摆脱神的束缚，人的探索欲望、怀疑精神、创新精神、自由民主思想得以产生。哥白尼、布鲁诺、伽利略、开普勒、牛顿等便是近代物理科学革命的代表。另外，当物理科学不断积淀，形成一种文化——人所生活在其中的意义网络时，它便以其特有的形式对学习者产生影响，成为人们进一步研究的决定因子。

传统物理课程给学生提供的大多是隔离了探索过程的知识结论，很大程度上是与文化无涉的。这样的课程消解了课程中"人"的主体性地位：一个是物理学家作为物理文化创造者的主体性地位，另一个是学习者作为自己知识的建构者的主体性地位。这样的课程是难以培养学生的主体性品质与精神的。

第五节　物理文化的育人价值

物理文化的育人价值主要表现为"求真、求善、求美"三个方面："真"即追求物理世界的本质和客观规律的科学态度；"善"即能满足人类的基本需求，对人类生存和发展有利的人文精神；"美"即体现在物理学具有简洁明快、和谐统一的美学特征。

一、求真方面培养学生的科学态度

科学态度作为追求真理的思想源泉，在促进科技进步和社会发展中起到了重要的精神引领和智力支撑作用。物理学的发展离不开世世代代物理学家漫长而艰难的探索，在其研究成果光鲜亮丽的背后是披荆斩棘与负重前行。例如，英国物理学家法拉第坚信电与磁之间存在某种联系，经过反复实验最终发现了电磁感应定律。伟大的物理学家爱因斯坦不迷信权威、敢于创新，提出了光量子假说，建立了狭义相对论，掀起物理学的新革命。科学家在追求科学真理的道路上不懈努力、坚持真理、实事求是、敢于挑战权威、为科学事业无私奉献一生的科学态度，是人类永远的精神财富。

科学态度作为物理学科核心素养之一，要求学生在正确认识科学的本质，理解科学、技术、社会、环境关系的基础上，逐渐形成对科学和技术应有的正确态度和责任感。在物理教学中，教师应以物理知识、规律得出和发展的历史过程为基础，根据学生已有的知识经验和能力发展水平，引导学生了解科学起源、欣赏科学成就、领悟科学方法、生成科学精神，以物理文化浸润科学素养，鼓励学生思考、质疑、批判、勇于探究，从而培养物理学科核心素养，促进学生自由而全面的发展。

二、求善方面激发学生的人文精神

在物理学的发展过程中，每一个新的理论都促进了人类历史向前迈进，每一位科学家的英勇事迹都展示了人文精神的光辉形象。物理课程中蕴含大量丰富的人文精神的因素，中学物理教学不仅要求学生掌握基础知识和思维能力，还应在课堂中体现物理学丰富的文化观念、价值导向和人文负载。

例如，在学习原子物理时，教师可以向学生介绍"两弹"元勋邓稼先。邓稼先不畏惧国外封锁，毅然决然地放弃了在美国的优越生活，为祖国的原子科学技术做出巨大贡献。教师将物理知识置于具体的历史背景与快速发展的社会文化背景之中，引导学生关注当下社会发展，真正地将物理知识融入现实生活，激发学生的民族自豪感，培养爱国主义情操，确立科学的世界观、人生观、价值观，促进学生科学知识与人文素养的全面发展。

三、求美方面引导学生欣赏物理之美

物理学的研究范围极为广泛、规律极为复杂，物理规律的和谐统一、公式的简洁对称、实验的巧妙精湛都反映了客观世界内在的本质的美。

（一）多样中见统一

客观世界既千变万化又和谐统一，看似散乱和自由的自然界，其实有着严格的秩序和规律。例如，麦克斯韦通过电磁理论把电、磁和光的运动规律统一起来；牛顿经典力学把世间万物的运动规律统一起来；爱因斯坦广义相对论把引力、时间、空间、物质统一起来。从多样性中寻求统一性，从统一性中演绎出多样性。爱因斯坦曾说过，与直接可看见的真理相比，从各种复杂的客观物质世界现象中发现它们存在的统一性，那是一种美的享受。

（二）复杂中见简洁

客观世界中的各种物理现象千差万别，物理学的任务就是从纷繁复杂的表象中寻找出事物的本质，物理的简洁美就表现在理论、定律和公式的外在形式的简单与内在内容的深刻的有机统一。例如，力是"物体间的相互作用"、温度是"处于热平衡的物体所具有的共同的宏观性质"、爱因斯坦的质能方程 $E=mc^2$、牛顿第二运动定律 $\sum F=ma$ 等，都以简洁的形式概括了极其深刻而丰富的内容，成为指导人们认识和实践的伟大理论基础。

（三）平凡中见巧妙

物理学不是纯粹的观察学科和理论研究的学科，每个理论都需要用实验来验证，物理实验解决了一个又一个物理难题，揭示出自然世界的客观真理。例如，迈克尔逊通过八面棱镜的转速成功测出光速；杨世光的双缝干涉实验首次肯定了光的波动性，以干涉原理为基础建立了波动理论；卢瑟福粒子散射实验，成功确立了原子的核式结构模型，为现代物理的发展奠定了基础。虽然这些实验利用的仪器普通、原理通俗易懂，但实验设计精巧、实验操作技术精湛、实验结果精确完美。

第三章　物理教育的内涵

第一节　物理学与物理学科

一、物理学

（一）物理学概念

什么是物理学？考察"物理学"一词的来源可以发现，"物理学"最初叫作"格物学""格致学"。"物理"一词大约于 20 世纪初由日本传入我国，早期的物理学者西学归来，原意是自然，19 世纪之前，也称为"自然哲学"。古希腊人把所有对自然界的观察和思考，笼统包含在一门学问里，那就是"自然哲学"，说明它是研究一切自然现象的科学。牛顿的划时代巨著《自然哲学的数学原理》（1687）是现代意义的物理学的开端。与其他科学相比，物理学更着重于物质世界普遍对基本规律的追求。

物理学中不少规律和理论都是直接从生产实践中总结出来的，但更多的物理发现却是来自长期的科学实验。物理学既是一门科学，也是一种文化；它既是自然科学与技术的基础和推动科学技术发展的强大动力，也是人类思想文明的源泉和一门带有方法论性质的科学。

（二）物理学的分支学科

物质世界的丰富性、多样性决定了物理学有许多分支学科，物理学的各分支学科是按物质的不同存在形式和不同运动形式划分的，随着物理学各分支学科的发展，人们发现物质的不同存在形式和不同运动形式之间存在着联系，于是各分支学科之间开始互相渗透，物理学也逐步发展为各分支学科彼此密切联系的统一整体。

在 20 世纪以前，物理学的分支是按照物质运动的形态来区分的，有力学、热学、统计物理学、电磁学、光学等，这些分支的总和构成了经典物理学。

17 世纪，牛顿在伽利略、开普勒工作的基础上建立了完整的经典力学理论。从 18 世纪到 19 世纪，在大量实验的基础上，卡诺、焦耳、克劳修斯、开尔文等建立了宏观的热力学理论；克劳修斯、麦克斯韦、玻尔兹曼等建立了说明热现象规律的气体分子动理论；库仑、奥斯特、安培、法拉第、麦克斯韦等建立了电磁学理论。

20世纪初，爱因斯坦创立了相对论。在普朗克、德布罗意、海森伯、薛定谔、玻恩等人的努力下，创立了量子论和量子力学。相对论和量子论奠定了近代物理学的理论基础。

随着科学的发展，物理学中不断地生长和发展出新的分支学科，如在20世纪初到20世纪30年代，在探索物质微观结构和物质运动的基本规律方面建立起的原子物理学；随着人们对原子结构认识的逐步深入，诞生了原子核物理学、粒子物理学，直至建立了粒子物理的标准模型；与此同时，对低温物理现象的研究，促进了超导电现象的发现和研究；对激光现象的发现和激光规律的研究，推动了激光物理学的产生和发展。在这之后又衍生了非线性光学、现代物理光学；20世纪50年代后在研究有关半导体的现象和规律的基础上，开拓了半导体物理学和半导体器件物理学，在对等离子体现象和规律的探讨和研究的基础上，建立起等离子体物理学；随着近代物理学的进展，为凝聚态物质各方面物理属性的研究及实验和理论提供了充分条件，随后新潮迭起，凝聚态物理、磁性物理、金属物理学、固态物理学、液态物理学、高压物理学及材料物理学、表面物理学、介观物理学等都获得了长足的发展。此外，还发展了和电真空技术及通信技术有关的电真空物理学、电子物理学、无线电物理学、固体微电子学等分支学科。声学是从一开始就产生出来的分支学科，非线性物理和计算物理则是近30年来迅速发展的物理学分支学科。

物理学的各个分支学科之间是紧密联系的。物理学是一个整体，是不能截然分开的。物理学各分支学科突飞猛进地发展，以及对物理现象和物理规律的探索研究不断取得新的进展，不仅丰富了人们对物质运动基本规律的认识和掌握，还促进了许多和物理学紧密相关的交叉学科，如天体物理、地球物理、化学物理、生物物理等的产生和发展。

（三）物理学与自然科学和高新技术

人类的发明和科学技术的发展都是基于对自然规律的深刻理解和认识，物理现象的普通性使物理学的基本知识成为研究任何科学和技术不可缺少的基础。

第一，物理学定律是揭示物质运动规律的，使人们在技术上运用这些定律成为可能；第二，物理学有许多预言和结论，为开发新技术指明了方向；第三，新技术的发明、改进和传统技术的根本改造，无论是原理或工艺，还是试验或应用，都直接与物理学有着密切的关系。18世纪是以蒸汽机为动力的生产时代，蒸汽机的不断提高、改进对物理学中的热力学与机械力学起着相当重要的作用。19世纪中期开始，电力在生产技术中的日益发展，是与物理学中电磁理论的建立与应用分不开的。

20世纪中叶发展的原子核能技术，使人们研制出了原子弹、氢弹等各种核武器，建造原子能发电站、核反应堆，生产各种用途的放射性同位素。原子核能技术发展的基础是原子核物理学、理论物理学、等离子物理学等。

现代电子计算机诞生的物理基础和重要技术的前提是电子管的发明。1960年晶体管的出现，标志着电子计算机进入第二代。之后，集成电路的出现又把计算机推向第三代、第四代。磁性物理学、激光物理学、半导体物理学又为计算机的信号储存和提取技术提供了物理基础。光纤通信等现代技术的物理基础是激光物理学。低温物理学是现代超导技术发展的物理基础。

人造卫星的上天、生物工程的兴起等都与物理学理论有着千丝万缕的密切联系。

物理实验是研究物理现象的基本方法，是物理学发展的重要基础。许多物理规律都是从物理实验中被发现的，即使通过理论方法得到的结论也需要经过实验的验证。物理实验既为物理学发展创造了条件，同时也为现代技术的研究打下了基础。如从20世纪初开始，超高压装置、超低温设备、真空泵的发明，为现代创造极端物质材料提供了条件。随着电力和电子技术的广泛应用，出现了各种用途的重大精确计量的电动装置和电子仪器，如20世纪30年代发明的电子示波器、电子显微镜，人们可以直接观察到电子运动的规律和物质的结构等微观现象。生物工程、电子技术、自动化技术、新材料、新能源、航空航天、海洋工程、激光、超导、通信等新技术领域的发展，都需要物理学，都与物理学有着非常密切的关系。

（四）物理学与社会进步

中国科协主席、中科院院士周光召在《20世纪物理学的回顾及对未来物理学发展的展望》的报告中指出，"物理学是现代生产力的开拓者""由物理学研究带来的新技术和新产品层出不穷，从根本上改变了人们的生产方式和生活方式"。

当翻开科技发展史册，我们不难发现，许多重大应用技术都是建立在物理学研究的成果之上的，如人类社会的三次技术革命中，起关键性作用的都是物理学的新成果。尤其是第三次技术革命，从20世纪40年代开始至今，基础研究的成果引起技术上一系列革命性突破，产生了一系列如核能源技术、激光技术等高新技术，它们已经扩散到社会生产和生活的各个领域。这些技术的发展几乎没有一项与现代基础科学无密切关系，尤其是20世纪物理科学成果，给现代高新技术的研究、开发、利用提供了不尽的源泉和坚实的基础。

20世纪70年代，人类在微观物理方面取得了重大突破，开创了微电子工业，世界开始进入以电子计算机应用为特征的信息时代。这是第三次产业革命。

可见，社会的每一次巨大的进步都是在物理学发展的基础上完成的。物理学发展推动着社会和人类文明的进步和发展。

物理学除了是先进生产力的开拓者之外，还是先进文化的创造者。物理学在发展的历史过程中始终是先进文化的创造者，它总是激励着一批科学家在物理学的前沿进行执着的追求。21 世纪物理学家在多层次、变化无常而又丰富多彩的现象中间，既寻求宇宙所表现的真、善、美，又寻求万物运动内在的统一规律和理解外在显现的多样性，对人类的思维方式和世界观的进步做出了巨大贡献。

二、经典物理学的建立与发展

经典物理学的建立与发展大致经历了两个阶段：从 15 世纪到 17 世纪为第一阶段，主要标志是经典力学体系的建立，热学、光学、电磁学等学科亦已完成基础性工作；从 18 世纪到 19 世纪末是第二阶段，是光学、热学、电磁学等学科的理论体系完善阶段。

（一）经典力学

经典力学是研究宏观物体做低速机械运动的现象和规律的学科。宏观是相对于原子、电子等微观粒子而言；低速是相对于光速而言。物体的空间位置随时间的变化称为机械运动。人们日常生活中直接接触到的并首先加以研究的都是宏观低速的机械运动。

自古以来，由于农业生产需要确定季节，人们就进行天文观察。16 世纪后期，人们对行星绕太阳的运动进行了详细、精密的观察。17 世纪，开普勒（1571—1630，德国）从这些观察结果中总结出了行星绕日运动的三条经验规律。

（1）椭圆定律：每个行星的轨道都是一个椭圆，太阳位于一个焦点上。

（2）等面积定律：在行星与太阳间作一条直线，则此直线在行星运动时于相同时间内扫过相等的面积。

（3）和谐定律：行星运动周期 T 的平方正比相当于行星与太阳平均距离 R 的三次方，记为：

$$T^2=kR^3$$

差不多在同一时期，伽利略通过观察物体在斜面上的运动进行了自由落体加速运动的研究，确认了物体在重力作用下的运动规律和物体的质量无关，并用实验结果阐述了物体惯性的概念，提出关于机械运动现象的初步理论。伽利略通过实验得出结论："一个运动的物体，假如有了某种速度以后，只要没有增加或减小的外部原因，便会始终保持这种速度——这个条件只有在水平面上才有可能，因为在斜面的情况下，运动沿斜面向下时，斜面提供了加速的起因，而运动沿斜面向上时，斜面提供了减速的起因；由此可知，只有在水平面上运动才有可能是不变的。"伽利略第一次提出了惯性的概念，并且第一次把外力和"引起加速和减速的外部原因"联系起来。伽利略实际上得到了在平面上物体运动的惯性定律，只是没有把它明确地概括出来。

伽利略（Galileo Galilei，1564—1642）是意大利文艺复兴后期著名的天文学家、物理学家、哲学家和数学家，近代实验科学的开拓者。他对近代科学的贡献主要集中在《星际使者》《关于太阳黑子的书信》《关于托勒密和哥白尼两大世界体系的对话》《关于两门新科学的对话》《试验者》等著作和一些手稿中。伽利略开创了科学实验方法，并将实验、观察和理论思维相结合，提出了思想实验，被后人称为"现代物理之父"。

1687 年，在开普勒、伽利略观测和实验工作的基础上，牛顿在他的划时代巨著《自然哲学的数学原理》中总结提出了牛顿运动三大定律和万有引力定律，建立了完整的经典力学理论。

牛顿第一定律又称为惯性定律：一个不受外力作用的物体，将保持它的静止或匀速直线运动状态。

牛顿第二定律又称为运动基本定律：物体在外力 F 作用下，运动的加速度 a 和外力成正比，并且加速的方向和外力方向相同，而反比于物体的质量 m。

$$F=ma$$

牛顿第三定律又称为作用和反作用定律：一个物体对另一个物体的作用力同时引起另一个物体对该物体的大小相等、方向相反的反作用力，作用力和反作用力在同一条直线上。

$$F_{12}=-F_{21}$$

万有引力定律又称为物质相互作用的普遍规律：自然界中任何两个物体都以一定的力互相吸引。这个吸引力的大小同两个物体质量的乘积成正比，同它们之间距离的平方成反比。

$$F=Gm^1m^2/r^2$$

公式中，m^1、m^2——两个物体的质量；

r——它们（假定为质点或球对称的物体的中心）之间的距离；

G——万有引力常数。

牛顿总结出的宏观低速机械运动的基本规律，为经典力学奠定了基础。牛顿的科学思想是以空间、时间、质量、力为基础，以三大定律为核心，以万有引力定律为最高综合，用数学来描述的完整、普遍的力学理论体系。他把过去一向认为互不相关的地球上的物体运动规律和天体运动规律概括在一个统一的理论中，完成了科学史上第一次大综合。到 20 世纪初，牛顿的方法论经过爱因斯坦的提炼、倡导成为自然科学研究的最普遍的指导思想。在 1843—1845 年，英、法天文学家运用牛顿的万有引力定律对天王星运动进行数学运算，推导出海王星的存在，后来终于发现了海王星。于是牛顿所提出的力学定律和万有引力定律被大家普遍接受。

牛顿（Newton，1643—1727），17 世纪最伟大的科学巨匠。牛顿一生中的最重要的成果涉及力学、光学、数学、哲学等许多领域，1669 年，年仅 26 岁的牛顿担任卢卡斯讲座的教授，1672 年起为皇家学会会员，45 岁时（1687）出版了《自然哲学的数学原理》。《自然哲学的数学原理》被看作经典物理学的"圣经"。内容包括绝对时空观、惯性系、相对性原理、力学三定律、万有引力和叠加原理（平行四边形法则）。这本书的出版使经典物理学多年积累的大量成果系统化了，物理学从此成为一门成熟的自然科学。牛顿 1701 年辞去剑桥大学工作，于 1703 年担任皇家学会主席直至 1727 年逝世。

早在 19 世纪，经典力学就已经成为物理学中十分成熟的分支学科，它包含了丰富的内容，例如质点力学、刚体力学、分析力学、弹性力学、塑性力学、流体力学等。经典力学的能量和动量守恒定律的适用范围已经远远超出了经典力学的范围，直到现在还没有发现它们的局限性。

经典力学的应用涉及能源、航空、航天、机械、建筑、水利、矿山建设、安全防护等各个领域。当然，工程技术问题常常是综合性的问题，还需要许多学科进行综合研究，才能完全解决。

（二）热力学统计物理学

热力学的形成是从人们对各种热现象的观察与研究开始的。蒸汽机的发明、使用与改进，计温学和量热学的建立使热现象的研究走上了科学实验道路。热力学定律与气体分子动力论的建立，使热力学成为一门独立学科而得以建立。对热现象的实验研究是从测量物体的温度开始的。伽利略利用水和酒精的热胀冷缩现象制成了世界上最早的温度计。这支温度计实际上是一个温度气压计，虽然没有多大的实用价值，但给后来的温度计制作者指明了奋斗方向。1659 年，法国天文学家博里奥第一个制成了用水银作为测温物质的温度计。

18—19 世纪，在大量实验的基础上，焦耳、卡诺、开尔文、克劳修斯等发展并建立了热力学理论。到 19 世纪，热力学已趋于成熟。

热力学第一定律建立了热量、功和热力学能相互转化的关系，各种形式的能量可以相互转化，只要在此过程中能量的总和满足守恒定律。自然界发生的一切过程都一定遵守热力学第一定律，但满足热力学第一定律的过程不一定都会发生。例如，①摩擦可以产生热量，但是依靠物体的冷却而使其自身运动起来对外做功的过程从来没有发生过，即热量自动地转化为功的过程是不可能实现的。②冰融化可以使饮料降温，但是冰块自动越来越大而使饮料越来越热的过程却从未发生过，即热量自动地由低温物体传向高温物体的过程是不可能实现的。③打开香水瓶的盖子，可以闻到香味，但是已经扩散的香水分子不会自动地回到香水瓶中去，即气体自动收缩的过程是不可能实现的。

观察与实验表明，自然界中一切与热现象有关的宏观过程都是有方向性的。例如，热量可以从高温物体自动地传给低温物体，但是不能自动地从低温物体传到高温物体。对这类问题的解释需要一个新的自然规律来说明，即热力学第二定律。

热力学第二定律的每一种表述都表明了一种与热现象有关过程的不可逆性：功转变为热的过程的不可逆性，热量从高温物体传向低温物体的过程的不可逆性。自然界中的一切与热现象有关的过程都是互相联系的，热力学第二定律既指出了两种过程的不可逆性，也指出了自然界中的一切与热现象有关的过程的不可逆性。

（三）经典电动力学

电磁学的建立是从静电和静磁现象的认识开始的，从第一台手摇式摩擦起电机的发明，到麦克斯韦电磁场理论的建立，大约经历了两个世纪。

静电、静磁的引物和引铁现象早就为古代先民所知，然而对这两种现象进行系统研究则是从 16 世纪开始的。英国女王伊丽莎白的御医吉尔伯特（Gilbert，1540—1603）在 1600 年出版了《论磁、磁体和地球作为一个巨大磁体的新的自然哲学论》一书，提出了磁石的两极成对存在、不可分离的理论；磁石同极性相互排斥、异极性相互吸引；他把地球设想成一个大磁体；磁石吸引铁块的力与磁石的大小成正比；等等。他发现不仅摩擦后的琥珀有吸引轻小物体的性质，其他一些物体如金刚石、蓝宝石、水晶、硫黄、明矾、树脂等也有这种性质，并把这种性质称为电性。

在 18 世纪，科学家发现电荷有两种：正电荷和负电荷。不论是电荷还是磁极都是同性相斥、异性相吸的，作用力的方向在电荷之间或磁极之间的连线上，力的大小和它们之间的距离的平方成反比。在这两点上和万有引力很相似。18 世纪末科学家又发现电荷能够移动，这就是电流。但科学家们在很长一段时间都没有发现电和磁之间的联系。

19 世纪前期，汉斯·克里斯蒂安·奥斯特（Hans Christian Oersted，1777—1851）发现电流可以使小磁针偏转。不久之后，法拉第又发现，当磁棒插入或抽出导线圈时，导线圈中就会产生电流。这些实验表明，在电和磁之间存在着密切的联系。

1831 年，法拉第在实验的基础上总结出了电磁感应定律。

人们逐渐认识到，电磁场是物质存在的一种特殊形式。电荷在其周围产生电场，这个电场又以力作用于其他电荷。磁体和电流在其周围产生磁场，这个磁场又以力作用于其他磁体和内部有电流的物体。电磁场也具有能量和动量，是传递电磁力的媒介，它弥漫于整个空间。

19 世纪下半叶，麦克斯韦总结了宏观电磁现象的规律，从理论上把电和磁的规律联系起来，提出了电磁场运动的基本方程组（麦克斯韦方程组），麦克斯韦方程组的核心思想是，变化的电场和变化的磁场互相依存又互相激发，以有限的速度在空间传播，这就是电磁波。真空中电磁波具有相同的传播速度。将各种电磁波按照频率或波长的大小顺序排列起来形成波谱，整个电磁波波谱大致可以划分成如下区域：

（1）无线电波：波长介于 3 km~1 mm。3 km~50 m 是中波波段，50~10 m 是短波波段，10 m~1 mm 是微波波段，常用于广播、电视、通信和雷达。

（2）红外线：波长为十分之几毫米至 760 nm。红外线具有显著的热效应，也称为热线。

（3）可见光：波长 760~400 nm；

（4）紫外线：波长 400~5 nm；

（5）X 射线：波长 10~2nm，有较强的穿透力；

（6）γ 射线：波长从 10~2 nm 至无限短，有极强的穿透力。

由于电磁场能够以力作用于带电粒子，一个运动中的带电粒子既受到电场的力，也受到磁场的力，洛伦兹把运动电荷所受到的电磁场的作用力归结为一个公式，人们就称这个力为洛伦兹力。描述电磁场基本规律的麦克斯韦方程组和洛伦兹力，构成了经典电动力学的基础。

事实上，发电机无非是利用电动力学的规律，将机械能转化为电磁能。电报、电话、电灯也无一不是经典电磁学和经典电动力学发展的产物。经典电动力学对生产力的发展起着重要的推动作用，对社会产生了普遍而重要的影响。

（四）光的电磁理论

近代光学的形成首先是从验证托勒密（古罗马）提出的折射定律开始的。光的反射定律和折射定律的建立为几何光学奠定了基础。对光的本性的争论成为 17—18 世纪推动光学向前发展的动力。

17 世纪对光的本质提出了两种假说：一种假说认为光是由许多微粒组成的（代表人物是牛顿），另一种假说认为光是一种波动（代表人物是惠更斯）。19 世纪在实验上确定了光的波动性。麦克斯韦的电磁理论预言光实际上是一种电磁波，以后的实验也证明了光是电磁波。20 世纪初的 1905 年，爱因斯坦研究光电效应的规律，在量子理论的基础上提出了光量子理论。人们在深入研究微观世界后，才认识到光具有波粒二象性。

光可以为物质所发射、吸收、反射、折射和衍射。当所研究的物体或空间的大小远大于光波的波长时，光可以当作沿直线进行的光线来处理；但当研究深入现象细节，其空间范围和光波波长差不多大小的时候，就必须考虑光的波动性。而研究光和物质的相互作用时，还要考虑光的粒子性。

光学方法是研究大至天体，小至微生物以至分子、原子结构的非常有效的方法。物质所释放出来的光携带着关于物质内部结构的重要信息，例如原子放出来的原子光谱就和原子结构密切相关。利用光的干涉效应可以进行非常精密的测量。

近年来，利用受激辐射机制产生的激光能够达到非常大的功率，且光束的张角非常小，因此激光在工农业技术和医学等领域已经有了很多重要的应用。

到 19 世纪末和 20 世纪初，包括经典力学、热学与统计物理学、电磁学、电动力学、光学等的经典物理学辉煌的科学大厦落成。经典物理学理论已经系统、完整地建立了。

三、20 世纪初物理学的发展与近代物理学

到 19 世纪末，经典科学取得了前所未有的进步和成功。在物理学领域，牛顿的力学体系一度被看作对科学根本问题的最终解答。以此为基础，人们统一了声学、热学、光学和电磁学，描绘出了一幅小到原子、大到宇宙天体的似乎是最终和一劳永逸的世界图景。这样辉煌的成就，使不少科学家产生了一种错觉，认为物理学的大厦已经落成，物理学理论已接近最后，只不过是把物理常数测得更精确些，把一些基本规律更加广泛和准确地应用到各种具体问题的解决中去。然而，正当他们认为物理学已经达到了顶峰，并陶醉于这种"尽善尽美"的境界之中的时候，出乎意料地爆发了物理学的危机，这场危机是由以太漂移实验和对黑体辐射现象的研究引起的。1887 年，美国物理学家迈克尔逊（Albert Abraham Michelson，1852—1931）和爱德华·莫雷（Edward Morley，1838—1923）为了寻找地球相对于绝对静止的以太运动的"以太风"，进行了著名的以太漂移实验，但实验结果同经典物理学理论的预言完全相反，这使得物理学界大为震惊。同时，有关气体比热的实验结果也与能量均分定理产生了尖锐的矛盾。这两个问题被英国物理学家开尔文（1824—1907）在 1890 年 4 月 27 日的英国皇家学会的讲演中称为物理学晴朗天空中的"两朵乌云"。在科学发展的历史转折关头，一些人由于受经典科学思想的束缚太紧，而且不懂得真理的相对和绝对的关系，使思想陷入混乱和动摇之中。然而，恰恰也是这个翻天覆地的时代产生了自己所需要的英雄和巨人，他们推波助澜，掀起了一场空前的物理学革命，把物理学由经典物理学阶段推进到现代物理学阶段，而相对论和量子力学就是这场物理学革命的最主要的成果，它们构成了现代物理学的两大理论支柱。

（一）19 世纪末物理学的三大发现

X 射线、电子和放射性射线是 19 世纪末物理学的三大发现。三大发现是导致经典物理学危机的重要因素。它们与"两朵乌云"——"以太漂移的零结果"和"紫外灾难"的解决，打开了通往微观世界的大门，引发了物理学的深刻变革，诞生了现代物理学。

1.X 射线的发现

X 射线的发现起源于对阴极射线的研究。德国维尔茨堡大学校长、物理学家威廉·康拉德伦琴（Wilhelm Conrad Röntgen，1845—1923，德国）于 1895 年 11 月 8 日做放电管实验时，为了避免可见光的影响，他用黑纸将放电管包起来，而且在暗室中进行实验，他意外地发现在离管 1 米以外的涂有荧光物质的屏上闪耀着微弱的青绿色的荧光。12 月 22 日，伦琴的夫人来到实验室，伦琴让夫人把左手放在用黑纸包着的照相底片上，然后用 X 射线照射，为她拍摄了一张戴着戒指的左手手指骨骼的照片，这是历史上第一张 X 光照片。X 射线这个名称是伦琴最先采用的，他说："我终于发现了一种光，

但我不知道它是什么光，无以名之，就把它叫作 X 光吧。"后人为了纪念他，又把它称为"伦琴射线"。

伦琴的发现震惊了整个科学界，其反应之迅速和强烈是物理学史上罕见的。在 X 射线发现 3 个月后，维也纳医院首次利用 X 射线对人体进行拍片；半年后，英国出版了第一本研究 X 射线的专业杂志——《X 射线临床摄影资料》；此后，J.J. 汤姆逊和卢瑟福证实 X 射线能使气体电离；1912 年德国物理学家劳厄用晶体做光栅，得到 X 射线衍射图，证明 X 射线是一种波长很短的电磁波。同时，证明了晶体具有空间点阵，劳厄因此获得了 1914 年度诺贝尔物理学奖。

在伦琴发现 X 射线之前，已曾有一些人碰到过阴极射线管附近的照片底片感光或物体发出荧光的现象，但是，他们都没有仔细审查这个奇怪的现象而错过了"机遇"。正如恩格斯所描述的："当真理碰到鼻子尖上的时候还是没有得到真理"，在科学发展史上这类事实是屡见不鲜的。但是伦琴治学严谨，一贯重视基本实验，从不放过任何一个可疑现象，发现疑问就反复试验，终于发现了 X 射线。因此伦琴荣获 1901 年诺贝尔物理学奖，成为诺贝尔物理学奖的第一位获奖者，他是当之无愧的。

2. 放射性的发现

X 射线发现后，许多科学家被吸引去研究这种新的具有巨大穿透力的辐射，法国物理学家安东尼·亨利贝克勒尔（Antoine Henri Becquerel，1852—1908）出身于物理学世家，他与他的祖父、父亲、儿子四代人都是杰出的物理学家，对荧光的研究是这个家族的传统。

在 X 射线发现后不久，贝克勒尔对一种称为硫酸双氧铀钾的荧光物质进行了研究，他把这种铀化合物放在用黑纸包起来的照相底片上，然后放在太阳光下曝晒几个小时，把底片取出来进行冲洗，他发现了"荧光物质在底片上的黑色轮廓"，他又在荧光物质和纸之间放一块玻璃，继续进行试验，也得到了同样的结果。这就是最早发现的放射性现象，铀是贝克勒尔发现的第一个放射性元素。

放射性现象发现公布后不久，玛丽·居里（Marie Curie，1867—1934）很快投入了这一新的研究领域，她发现沥青铀矿中的放射性比已测得的铀的放射性强得多。她大胆假定沥青铀矿中存在一种比铀放射性强得多的未知元素。为了寻找这个未知元素，她的丈夫皮埃尔·居里通过繁重的劳动，从大量的沥青矿渣中提取出那个未知元素，最后发现了两种新的放射性元素，一种取名为"钋"（Polorium），以纪念自己的祖国——波兰；另一种取名为"镭"。

居里夫妇继续奋斗了近 4 年，简陋的工棚里，在原始的条件下，历尽了千辛万苦，终于在 1902 年 3 月，从数以吨计的沥青铀矿残渣中提炼出 0.12 克氯化镭，并测得了镭的原子量为 225（现公认为 226），其放射性比铀强 200 万倍。1903 年，居里夫妇和贝克勒尔共享了诺贝尔物理学奖。1910 年，居里夫人完成了她的名著《论放射性》，由于她的杰出贡献，1911 年她又荣获了诺贝尔化学奖。居里夫人成了第一个两次获诺贝尔奖殊荣的人物。

3. 电子的发现

1858 年，德国物理学家普鲁克利用盖斯勒放电管研究气体放电时，发现对着阴极的管壁上出现了美丽的绿色光辉；1876 年，德国物理学家哥尔德斯坦证实这种绿色光辉是由阴极上产生的某种射线射到玻璃上产生的，他把这种射线命名为"阴极射线"。

法国物理学家大多认为阴极射线是一种电磁波，英国物理学家则认为是一种带电粒子流。这一争论持续了近 20 年，其促使许多物理学家进行了很有意义的实验，推动了物理学的发展，这场争论最后由 J.J. 汤姆逊（Joseph John Thomson，1856—1940）终止了。

1897 年，汤姆逊发现电子后，便设法测定电子的电荷值，他和他的学生汤森先后用气体电离法、光电效应法得到的电子电量 e 值均为 10^{-10} 静电系单位电量。美国实验物理学家密立根用了七八年时间，终于在 1913 年完成了基本电荷 p 值的精确测定。这样由荷质比得到的电子质量为氢原子的 1/1837。

电子的发现向人们宣告：原子不是构成物质的最小基元，它具有复杂的内部结构，是可分的。塞曼效应也证实，原子中存在着电子。电子带负电，原子呈中性，电子的质量很小，势必令人们想到原子中必然有等量正电荷的大质量的实体存在，这就是现在人们所说的原子核。电子的发现是原子物理学的起点。

1923 年，法国物理学家德布罗意提出了物质波的概念，认为电子具有波粒二象性。他将电子等实物粒子的运动与平面波联系起来，把电子的速度与波的群速度等同起来，得到了物质波的波长公式：$\gamma=h/p$，又称为德布罗意公式。其中 h 为普朗克常数、p 为粒子动量。1925 年，美国科学家戴维逊 - 革末发现了电子衍射现象，证实了物质波的存在；乌伦贝克和古德斯密特据反常塞曼效应提出电子自旋假说，并得到证实。

电子的发现、研究促进了 1925 年海森伯矩阵量子力学和 1926 年薛定谔波动量子力学的建立。电子是量子力学研究的首选对象。

电子的问世，为电子技术的诞生和发展提供了基本条件，开辟了电子技术的新时代。从 20 世纪 20 年代开始，人们开始陆续生产电子管、半导体管、集成电路等电子器件，促进了无线电、雷达、电信、电视、电子控制设备、电子信息处理、电子显微技术的迅速发展，形成了巨大的电子工业体系，为人类社会创造了难以计量的物质财富。放大倍数高达 200 万倍的电子显微镜，可以使人们看到分子和原子。电子计算机的计算速度已高达每秒上千亿次。自由电子激光器已经研制成功，它将在电子技术领域引起新的重大变革。电子技术现在已广泛地应用于生产、生活、科学研究的各个领域，创造了空前的物质文明和精神文明，人类社会的发展已经离不开电子。完全可以说，电子的发现是人类文明史上的一座丰碑。

三大发现使物理学发生了深刻的变化：电子比最轻的原子——氢原子还要轻 1836

倍；电磁波除有无线电波、红外线、可见光、紫外线外，还有波长更短的 X 射线；一个原子在化学变化中释放出来的能量只有几个电子伏特（eV），而天然放射性现象中一个原子放出的能量竟可达到几百万电子伏特（MeV）；化学变化不会引起原子性质的根本变化，然而原子经过放射 α 或 β 射线后却完全变了。这三大发现证明了原子存在内部结构，从此揭开了研究微观世界的序幕。

（二）物质观的革命——量子论

量子世界是由电子、原子、分子和离子等非常微小的物质组成的。量子世界中有一些概念和规律在现实世界中被认为是不可思议的。例如，物质微粒在同一时间可以存在于不同地方；电子可穿过似乎完全不可以穿透的壁垒。这些奇怪的量子行为，以前只是理论物理学家们关心的事，但现在却不然。科学技术的飞速发展，使人们对量子效应刮目相看。半导体器件的体积现在已小到了极点，如果再小下去，单个电子、原子的行为将成为紧迫而重要的问题。量子效应将开始发挥作用，改变所有的规则。不懂得量子理论，就不能生产芯片，就不能生产依赖于芯片的计算机和其他电子装置。当蚀刻在半导体上的线条宽度窄到 0.1 μm 以下时，在电路中穿行的将只有少数几个电子，因此增加一个或减少一个电子都会造成很大差异。由此可见，量子效应的影响将是现实的、重大的、深远的。

1. 量子力学产生的历史背景

19 世纪末，飘荡在物理学晴朗天空中的第二朵乌云是黑体辐射研究引发的"紫外灾难"，正是为解决这一灾难性的问题而引发了量子论的产生。

我们知道，一个物体的温度升高时，会向四周放出热量，即热辐射。19 世纪末，由于冶金高温技术及天文等方面的需要推动了热辐射的研究。一般来说，温度不太高时，物体只能放射出频率较低、看不见的红外线；温度升高时，物体才能发出可见光；温度更高时，物体放射出频率较高的紫外线。同时，物体能吸收、反射不同频率，即不同颜色的光（都是电磁波的一部分）。一个物体如果能吸收日光中红色以外的其他色光，便呈红色；如果能吸收一切色光，便呈黑色；如果能反射一切色光，便呈白色。物理学中为了研究物体在不同条件下吸收和辐射的规律，便构造了一种理想模型，被称为黑体，它能百分之百地吸收射到它上面的电磁辐射。例如一个只在表面开一小孔的空腔，任何光线从小孔射入后，在空腔内多次反射吸收，很难有机会再从小孔射出，这便可以看成一个黑体。德国人维恩于 1893 年提出了反映辐射频率与温度关系的黑体辐射定律（1911年获诺贝尔物理学奖），但维恩公式只是在频率高、温度较低时与黑体辐射实验事实相符。后来，英国人瑞利和金斯根据"能量均分原理"又得到一个公式——瑞利—金斯公式。与维恩公式相反，在低频范围、温度较高时与实验相符，而在高频范围（紫外光区）与实验相差其远。利用瑞利—金斯公式推导，在紫外光区，随频率升高，能量辐射趋向无穷大，但实验数据却是趋向于零的，这个矛盾被称为"紫外灾难"。

2. 普朗克能量子假说

1900 年，德国物理学家马克斯·普朗克（Max Karl Ernst Ludwig Planck，1858—1947）通过对上述两个公式的研究，用数学方法拼凑出一个新的公式，能与实验事实很好地符合，但这个公式的物理意义是什么尚不清楚。为了合理解释这个公式的含义，普朗克又进行了深入的研究，他放弃经典的能量均分原理，于 1900 年 12 月 4 日提出了"能量子"假说。

普朗克提出的能量子假说，说明振子吸收和辐射能量的过程不是连续进行的，而是以能量子的整数倍，即一份儿、一份儿跳跃的方式进行的，揭示了微观领域中新的奥妙，并宣告了量子论的诞生。但是由于它与物理学几百年来信奉的关于自然界的连续性的观念直接矛盾，当时受到绝大多数物理学家的拒绝和反对。

普朗克于 1918 年获诺贝尔物理学奖。普朗克的伟大成就就是创立了量子理论，这是物理学史上的一次巨大变革。量子理论现已成为现代理论和实验不可缺少的基本理论。

3. 光的波粒二象性

光电效应等实验现象证实了光子假说是正确的，即光具有粒子性，组成光的光子具有能量、动量、质量等粒子所具有的基本属性，但是光在干涉、衍射及偏振现象中又明显表现出光的波动性。这说明光既具有波动性，又具有粒子性。我们把光具有的这种双重特征称为光的波粒二象性。一般认为，在与光的传播过程有关的现象中，光的波动性表现比较显著；在与物质相互作用过程有关的现象中，粒子性表现比较显著。

爱因斯坦为了解释光电效应中的实验事实，在普朗克"能量子"概念的启发下，于 1905 年提出了"光量子"概念。

爱因斯坦的光量子假说后来还被康普顿（A.H.Compton，1892—1962）效应证实，从而让人们对光的本性的认识产生了一个飞跃：光不仅具有波动性，还有粒子性；光在传播时显示出波动性，在与物质相互作用转移能量时显示出粒子性。它的粒子性和波动性，均反映了光的本质的一个侧面。光的这种特性被称为波粒二象性。

爱因斯坦对 20 世纪的科学产生了极大的影响，为纪念爱因斯坦一生为人类做出的杰出贡献，2004 年 6 月，联合国大会第 58 次会议通过决议，确立 2005 年为"世界物理年"。

4. 物质波概念的提出

法国物理学家德布罗意（Louis de Broglie，1892—1987）考虑既然光作为一种物质客体具有波粒二象性，那么电子、原子等是否也有这样的性质。1924 年，他在博士论文《关于量子理论的研究》中，大胆地提出了微观实物粒子也具有波粒二象性的假说，并用类比法将表示光的波动性与粒子性的关系公式用于实物粒子。这样，每一运动的粒子都有相应的波与之对应。

德布罗意提出的物质波假说被后来的电子、原子、中子等微观粒子的衍射实验证实。

物质波作为微观粒子的基本特征，使人们对微观粒子性质的认识又提高到一个新水平，为量子力学的建立奠定了基础。

5. 量子力学的建立

量子力学理论的建立是通过两条道路完成的。德国年轻的物理学家沃纳·卡尔海森堡（W.K.Heisenberg，1901—1976）于 1925 年写了一篇具有历史意义的论文《对于一些运动学和力学关系的量子论的重新解释》。他认为把原子结构类比于我们周围世界结构的企图注定是失败的。他纯粹用数学来描述电子的能级和轨道，完全不用图像，由于他用了一种叫作"矩阵"的数学工具来处理那些数字，因此，他的学说被称为矩阵力学。海森堡对量子力学的贡献还表现在提出了"测不准原理"，他认为对亚原子粒子（如电子）来说，要想精确地测定其位置，就无法同时精确地测定其速度；反之，要想精确地测定其速度，就无法同时精确地测定其位置。

建立量子力学的另一条途径，是由奥地利年轻的物理学家埃尔温·薛定谔（E.Schrödinger，1887—1961）开创的。他在从事原子光谱的研究时就注意到，在原子光谱的复杂现象中确实隐藏着一些简单的量子数，但它们不应像玻尔理论那样直接从外部注入，而应运用一种数学方法由原子内部按自然方式产生。经过努力，他终于在 1926 年创立了波动力学。之后，薛定谔等证明，矩阵力学同波动力学在数学上是完全等价的，它们可以通过数学变换从一种理论转化为另一种理论，两者实质上是同一理论的两种表达形式。

量子力学建立以后，1926 年，玻恩等提出了波函数的概率解释；1927 年，海森伯提出了不确定原理；1928 年，英国物理学家狄拉克（P.A.M.Dirac，1902—1984）得出相对论波动方程；后来又有奥地利的泡利（Wdfgang E.Pauli，1900—1958）提出不相容原理等，使量子力学发展成为比较完善的理论体系。

量子力学的建立还是 20 世纪物理学革命的重要内容。它不仅使人们对微观世界的认识前进了一大步，还极大地改变了人们旧的科学观念，作为现代物理学的理论支柱之一，得到了广泛的应用。

（三）时空观的革命——相对论

相对论是关于物质运动与时间和空间关系的理论，是现代物理学和科学技术的重要理论基础之一。

1. 狭义相对论产生的历史背景

19 世纪后期，麦克斯韦电磁理论建立。麦克斯韦方程组是这一理论的概括和总结，它预言了电磁波的存在、揭示了光的电磁本质。光是电磁波，由麦克斯韦方程组可知，光在真空中传播的速率为一个恒量。这说明光在真空中传播的速率与光源的运动状态及光传播的方向无关。麦克斯韦还证明，电磁波的传播速度只取决于传播介质的性质。

然而按照伽利略变换关系，不同惯性参考系中的观察者测定同一光束的传播速度时，所得结果应各不相同。由此必将得到一个结论：只有在一个特殊的惯性系中，麦克斯韦方程组才严格成立，而在不同的惯性系中，宏观电磁现象所遵循的规律是不同的。这一推理的证实只有通过电磁学、光学实验才能得到。于是人们在想，如果存在这样一个特殊的惯性系，那么能够测出地球上各方向光速的差异，就可以确定地球相对于上述特殊惯性系的运动了。

于是，人们开始设计和实施大量相关的实验。迈克尔逊－莫雷实验就是最早设计用来测量地球上各方向光速差异的著名实验。然而在各种不同条件下经过多次反复进行测量都表明：在所有惯性系中，真空中光沿各个方向传播的速率都相同，即都等于 c。

电磁理论和实验结果都与伽利略变换乃至整个经典力学不相容，这使当时的物理学界大为震动。为了解决这些矛盾，一些物理学家如洛伦兹等，曾提出各种各样的假设，但都未能成功。

爱因斯坦深入分析了此问题，于 1905 年发表了题为《论动体的电动力学》的论文，并做出了对整个物理学都有变革意义的回答。

2. 狭义相对论的基本原理

爱因斯坦经过多年的思考，同时考虑既然光速不变一再被各种实验证实，因此其认为，我们应该毫无保留地接受这样的事实，并且将其提升为公理，于是便提出了狭义相对论的两条基本原理。

（1）相对性原理：物理规律对所有惯性系都是一样的，不存在任何一个特殊的惯性系。

（2）光速不变原理：任何惯性系中，光在真空中的速率都相等。

两条基本原理的提出奠定了狭义相对论的理论基础。以光速不变原理和相对性原理为前提，经过严密的逻辑与数学论证，爱因斯坦于 1905 年创立了狭义相对论。

3. 广义相对论的建立

（1）狭义相对论的局限性。狭义相对论的局限性存在于两个方面：一是狭义相对论不适用于非惯性系。狭义相对论是按照一切惯性系都等价的相对性原理建立的，它解决了物理规律在惯性系之间的坐标变换不变性问题。然而，在惯性系中，物理规律的数学表达形式在非惯性系中就不再成立了。自然规律为什么偏爱惯性系呢？物理规律在惯性系和非惯性系之间的这种不对称性让爱因斯坦感到不满意。二是狭义相对论不能解决万有引力问题。狭义相对论问世后，许多人致力于检验各种物理定律在洛伦兹变换下表达形式的不变性，且都获得了成功。但是，爱因斯坦本人在内的科学家们都发现，当把牛顿的引力定律纳入狭义相对论理论时，却遇到了明显的矛盾，在经过艰苦的努力未果后，爱因斯坦在 1907 年开始认识到"在狭义相对论的框架里，是不可能有令人满意的引力理论的"。

难能可贵的是，狭义相对论在上述两方面的局限性是由爱因斯坦本人发现的。这两个关键问题的解决导致了广义相对论的诞生。

（2）新理论的诞生。爱因斯坦在试图克服狭义相对论两个困难的过程中，创造性地摒弃惯性系在相对论中的特殊地位，并把自己的整个理论置于任意参考系的框架之中。他假定相对性原理和光速不变原理在任何参考系中都成立，而不仅仅在惯性系中成立。这样，狭义相对性原理被推广为广义相对性原理，即一切参考系都是平权的（物理规律在任何坐标系下形式都不变）。同样，他把光速不变原理的适用范围也从惯性观测者推广到任意观测者：任意观测者测量的光速都是 c。他指出，基本原理做这样的推广之后可以避免定义惯性系的困难，而各种物理规律仍然能写成协变形式。

他碰到的首要问题是如何处理惯性力。这种在惯性系中没有、在非惯性系中普遍存在的力，有可能使物理系统附加新的效应，从而改变物理规律的形式。经过一番研究之后，爱因斯坦得出结论：引力场与惯性场的力学效应是局域不可分辨的，或者引力场与惯性场的一切物理效应都是局域不可分辨的，即等效原理。

爱因斯坦认为，"正如狭义相对论禁止我们论及系统的绝对速度一样，等效原理不允许我们谈及参考系的绝对加速度"。绝对速度不可测定，是一切惯性系平权的先决条件；绝对加速度的不可测定，则是一切参考系的先决条件。

他把等效原理、广义相对性原理及光速不变原理作为新理论的基础，并希望这个新的理论能够包含引力效应。他注意到引力造成的加速度与运动物体的物质结构没有任何关系，因此，引力的这种普遍性使它有别于电磁力之类的通常的物理力，应该用完全不同的方式来处理。考虑没有引力存在的时空是平直的，闵可夫斯基认为有引力存在的时空应该是弯曲的。于是他猜测新的理论应该是一个几何理论——引力，即时空的弯曲，由于引力的根源是质量，那么质量的存在会造成时空弯曲；反过来，弯曲的时空又会影响质量的运动。

爱因斯坦把这个新的理论看作狭义相对论在任意参考系及弯曲时空中的推广，因此称其为广义相对论。实际上，这是一个关于时间、空间和引力的理论。1916 年，他正式发表了自己的这一理论。

相对论的建立，深刻地揭示出时间、空间、物质及其运动的统一性，改变了人们所习惯的关于时间和空间的传统看法，即绝对时空观，为辩证唯物主义的时空观提供充分的科学依据。相对论作为人们探索自然奥秘的强有力的理论武器，不仅为物理学的发展开辟了一个全新的方向，而且为现代科学技术的发展奠定了牢固的基础。因此，无论在科学上还是在哲学世界观与方法论上，无论在理论上还是在实践上，相对论都具有极其重要的意义，爱因斯坦也因此成为继牛顿之后最伟大的科学巨人。

四、现代高新技术的物理基础

物理学是人类认识物质世界的基本工具。从古到今，人类用它揭开了宇宙的奥秘，认识了大自然一切事物发展的客观规律，从而掌握了改造自然、造福人类的方法，使人类进入了一个高度物质文明的社会。物理学也是一门应用广泛的基础科学，它是其他自然科学和各种工程技术，特别是现代新技术革命的基础。物理学是科学技术的发源地。

19 世纪末和 20 世纪初，在物理学方面，电子、X 射线、放射性的发现，以及相对论和量子论的创立，导致了物理学和其他自然科学的革命性变革，产生了一批崭新的交叉学科，使自然科学理论发展到新的现代水平，为高技术的诞生和发展提供了基础理论和前提条件。这些技术的发展让社会的生产和生活发生了巨大的改变。

第三次技术革命是 20 世纪 40 年代开始发展的原子能、电子技术、激光、生物工程等应用时代，其以微电子技术、信息技术、生物工程技术、新材料、新能源、航天、海洋和核技术等新兴技术的发展和广泛应用为特点。这些技术发展将使社会的生产和生活产生巨大的影响。新的科学技术项目还在不断地增长，突出地显示了第三次技术革命所出现的科学发展盛况。据不完全统计，现在已有 2000 多种科学技术，并且还在继续出现新的科学技术领域。在这滚滚的科学技术发展洪流中，信息技术、新材料技术、新能源技术、生物技术、航天技术、海洋技术等已经成为当今科学技术发展的主流，是当代科学技术发展的重要前沿——高技术领域。高技术是人类用当代最新科学成就有目的地改造世界和认识世界的物化形式。它以基础研究所揭示的自然界的新知识为背景，进行技术的创新；它以人的智力和才能为主导，形成不同于传统技术的知识和资金密集的新兴技术；它开辟全新的技术领域，而不是对原有技术的渐进式改造。高技术与现代的单项尖端技术或新兴技术不同，它总是与产品和产业相联系，是对产品和产业中技术的含量和水平的评价，本质上是现代自然科学成果的技术表现。

目前，得到世界各国公认并将列入 21 世纪重点研究开发的高技术领域，主要有信息技术、新材料技术、新能源技术、生物技术、航天技术和海洋技术等。

（一）信息技术

信息技术是高技术的前导。信息技术主要是指信息的获取、传递、处理等技术。信息技术以微电子技术为基础，包括通信技术、自动化技术、微电子技术、光电子技术、光导技术、计算机技术和人工智能技术等。计算机技术、通信技术和控制技术已经从根本上改变了当代社会的面貌。应该强调指出，整个信息技术离不开物理学。信息技术的物理基础，首先体现在电子学的建立。

（二）新材料技术

新材料技术是高技术的基础，包括对超导材料、高温材料、纳米材料、人工合成材料、陶瓷材料、非晶态材料、单晶材料、纤维材料、超微粒材料、新能源材料、高性能结构材料、特种功能材料等的开发利用。这里仅就超导材料、纳米材料做简单的介绍。

（1）超导材料。有些物质在一定的临界温度 Tc 以下会转变为完全没有电阻的状态，同时具有完全抗磁性，这就是所谓的超导现象。具有这种性质的材料称为超导材料。一旦高温超导材料的成材工艺有所突破，超导技术将在能源、交通、电子技术等方面发挥巨大作用。如利用超导材料的零电阻性，超导电缆在理论上可以无损耗地输送电能；利用超导材料制造变压器，可以大幅降低激磁损耗、缩小体积、减轻重量、提高效率等。

（2）纳米材料。纳米（nm）是长度单位，1 nm 等于十亿分之一米。纳米科技就是一门以 0.1~100 nm 这样尺度的物质作为研究对象的前沿科学技术。纳米级结构材料简称为纳米材料，其晶粒大小为 1~100 nm。纳米颗粒具有表面积与体积比特别大，表面活性大，力学、电磁、光学性质不同于固体等特点。因此，有极其广阔的应用前景：利用表面积与体积比特别大的特点制造纳米催化剂；利用力学、电磁、光学性质不同于固体等特点制造纳米高强度材料、纳米电磁器件（如计算机芯片）、纳米光学器件；在基因工程上，用于纳米药物的研制等。

（三）新能源技术

能源是人类赖以生存、社会不断进步、经济持续发展的重要物质基础。同时，能源这把"双刃剑"也为人类的生存环境带来了巨大的灾难，如温室效应、酸雨、臭氧空洞、生态失衡、核污染等。因此，新能源的开发、节能技术及能源与生态环境的保护问题，已成为世界瞩目的研究课题。从资源、环境、社会发展的需求来看，开发和利用新能源和可再生能源是必然趋势。

化石能源资源的有限性，以及它们在燃烧过程中对全球气候和环境所产生的影响日益为人们所关注。在煤和石油逐渐用竭后，除继续利用水力外，原子能和太阳能将会更广泛地被利用起来，原子能目前已经在国防上有重要应用。

人类长期利用的自然能量，绝大部分间接来自太阳，且今后将更多地直接取自太阳辐射。太阳为什么能长期不断地输出强大的能量？从原子核的理论知识知道这是不断来自太阳内部的核反应。

（1）太阳能。在新能源和可再生能源家族中，太阳能最引人注目，人类对它开展研究工作最多、应用最广。太阳能是太阳内部高温核聚变反应所释放的辐射能。

太阳能是来自太阳中氢核不断发生聚变反应的结果。太阳内部的氢聚变成氦，并释放能量。具有两种途径：碳—氢循环、质子—质子循环（忽略反应细节）。这两套循环的总效果是 4 个氢原子核合成 1 个氦原子核。

$$4（11H）\rightarrow 42He+2e++2v+2\gamma+26.7\ MeV$$

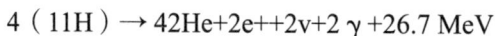

太阳向宇宙空间发射的辐射能，其中 20 亿分之一到达地球大气层。到达地球大气层的太阳能，30％被大气层反射，23％被大气层吸收，其余到达地球表面，其功率约为 $8\times10^{13}\ kW$。

（2）核能发电。核能是 20 世纪出现的一种新能源。核能源于原子核的裂变与聚变，当原子核分裂或结合时，都会释放出巨大的能量，因此，核能也称为原子能。核能发电的热源来自裂变能。其中主要是铀的同位素，它们在发生裂变反应时可以释放出巨大的能量。核电站是实现核裂变能转变为电能的装置。核材料通常以氧化物的形式被制成棒状，作为燃料。在反应堆这一特殊装置中，人为地使其实现自持性的链式反应，从而使热能持续地释放出来，带动发电机组来发电。

（四）生物技术

生物技术也叫作生物工程，它是 21 世纪高技术的核心，包括微生物工程、细胞工程、酶工程、蛋白质工程和基因工程等。它不仅直接关系农业、医药卫生事业的发展，而且对环保、能源技术等都有很强的渗透力。近些年来，以基因工程、细胞工程、酶工程、发酵工程为代表的现代生物技术发展迅猛，日益影响和改变着人们的生产和生活方式。

（五）航天技术

航天技术是探索、开发和利用太空及地球以外的天体的综合性工程技术，包括对大型运载火箭、巨型卫星、宇宙飞船、航天飞机、永久空间站、空间资源、空间工业和农业、空间运输、空间通信、遥感遥测及空间军事技术的研究与开发。1957 年 10 月，世界上第一颗人造地球卫星 Sputnik 1 在苏联发射成功，开创了人类航天新纪元，宇宙空间开始成为人类活动的新领域，并且将这一年定为第一个国际空间年。近半个世纪以来，航天技术已经在世界范围内取得了巨大的进展。航天技术已经广泛应用于科学活动、军事活动、国民经济和社会生活的许多方面，产生了极其重大而深远的影响。

（六）海洋技术

海洋技术包括海洋探测技术和海洋开发技术，海洋开发技术是核心。现代海洋技术是 20 世纪 50 年代后围绕着海洋探测技术和海洋资源开发技术两个方面的变革发展起来的，是当代新兴的科学技术之一，同样是一门涉及许多门类的综合性学科。

现在，淡水资源越来越少，向海洋要淡水已成定势。在淡水资源奇缺的中东地区，数十年前就把海水淡化作为获取淡水资源的有效途径。目前，全世界共有近 8000 座海水淡化厂，每天生产的淡水超过 60 亿立方米。俄罗斯海洋学家探测查明，世界各大洋底部也拥有极为丰富的淡水资源，其蕴藏量约占海水总量的 20％。这为人类解决淡水危机展示了光明的前景。

海洋是一个巨大的时空大尺度的开放性复杂系统，它以其广阔的空间、丰富的资源及对全球环境的巨大调节作用，维系着地球生态系统和人类生存的大环境，并为提高人类生活质量、促进人类文明进程和社会经济可持续发展提供丰富的物质财富。因此，开发利用海洋与人类的生存和经济发展息息相关。

我国是一个海洋大国，改革开放以来，海洋经济得到了快速发展，一些新兴海洋产业迅速崛起，海洋经济已成为国民经济的重要构成部分。现代海洋经济的发展是以海洋科学知识的创新和海洋高新技术的发展为依托的。海洋环境的复杂性、多变性和高风险性，决定了海洋的开发和海洋经济的发展必须紧紧地依靠高新技术的发展。现代海洋产业已呈现出海洋科学、海洋技术、海洋开发和海洋经济越来越融为一个综合性的一体化趋势。海洋经济发展的深度和广度，将取决于海洋高新技术的进步和海洋科学知识及其他科学知识的增长和创新。从这个意义上讲，现代海洋经济是以知识增长和高新技术发展为基础的知识经济。

第二节　物理学科课程的教育内涵

一、物理学科课程内涵

（一）知识内涵

物理学科所呈现的知识是丰富多彩的，主要包括物理概念、物理规律、物理实验和物理方法。

通过观察、实验和科学思维得到物理的概念。物理学是典型的自然科学，其概念大都是人们对于自然界的宏观或微观现象的阐述。概念的获得必须建立在足够的感性材料的基础上。列举生活中熟悉的现象，学生通过观察、思考、分析、比较"现象"的共同属性，概括、抽象出其本质，得出物理概念的含义。物理规律是物理现象、过程在一定条件下发生、发展和变化的必然趋势及其本质联系的反映。物理规律通常分为物理定律、物理定理、物理原理等。物理实验是根据一定的研究目的，运用科学仪器、设备，人为地控制、创造或纯化某些物理过程，使之按预期的进程发展，同时在尽可能减少干扰的情况下进行定性的或定量的观察和研究，以探求物理现象、物理过程变化规律的一种科学活动，也是检验物理学理论是否正确的标准。它不仅是物理学研究的基础，而且是物理教学的重要手段，同时也是物理教学的重要内容。物理学方法是研究物理现象、实施物理实验、总结和检验物理规律时所应用的各种手段和方法，即在严格的科学条件限制下，通过严密的观察实验和严格的、数学的、科学的逻辑推理，去伪存真，去粗存精，由表及里，找出事物内各部分之间及事物与外部环境之间的相互作用和相互关系，确定由相互作用产生的结构和运动变化的因果关系，形成规律性知识。我们把这些手段和方式的总和称为物理学方法。

（二）思想内涵

物理学科是物理科学思想、科学知识、科学方法和科学品质的载体。它直接决定向学生传授什么知识、培养什么能力和进行什么思想教育的问题，即决定培养什么人的问题。在物理教育中，物理思想可以理解为是对物理概念、规律、方法甚至理论的进一步概括。物理思想具有以下几个特点：

（1）思维创造性：物理思想的形成要经过多次抽象与概括，要对物理现象和过程进行创造性的认识。

（2）内容的科学性：物理思想的依据是科学的物理概念、规律、方法、理论具有一定的科学性。

（3）层次性：物理思想有简单与复杂之分，具有一定的层次。

（4）观念指导性：物理思想能够从观念上指导人们把物理知识运用于问题的解决，以及从观念上指导人们探求新现象、创建新理论。

（三）哲学内涵

物理学科的哲学内涵是物理学哲学价值的体现，它以物理学科的知识内容为载体，任何一个具体的物理知识和观念都包含着认识论和方法论的因素，包含着深刻的物理思想和观念，体现着认识过程中理性与实践、继承与突破、理性与非理性、逻辑与非逻辑的辩证统一。在物理教学中渗透哲学思想，对学生的人生观、价值观的形成会有很大的作用。

由以上论述可知，物理学的内涵是与教育目标要求相契合的。物理学科教学在重视物理学本质和价值的基础上进行，才有可能实现以人为本，实现人的全面发展。在课堂上结合物理课的性质，设计一些实验，通过实验让学生亲身体验物理概念、规律的生成，还可以通过物理学史让他们体会物理学科发展的历史使命感，引起他们内心的共鸣、精神的升华，能在自己的生命中保持对科学研究探索的激情，不断地创造、发挥个人才智，在物理文化的陶冶下，情感与价值观都能朝着健康的方向发展，不断地增加内心修养完成精神转变，实现个人与他人、与社会、与自然的和谐发展。

要实现这些目标，物理教育研究任重道远。我们坚信，物理教育研究必须立足于物理学本身，从物理学的本质出发，把物理学的丰富内涵呈现在学生面前，只有在符合学生智能和心理水平的情况下，学生才有可能充分体会到物理学的魅力，逐渐实现"自我"和"个性潜能的发挥"。

二、物理教育对物理学科课程的要求

对物理学的内涵有一个全面的认识之后，我们再来分析物理教育对物理学科课程的要求，审视物理学科课程的教育内涵。关于课程的价值功能一直有两种截然相反的观点：一种观点认为，课程本身不存在所谓的"内在价值"，它的全部价值在于它的社会工具性。这一观点受到很多人的反对。反对的人认为，课程具有内在价值，即课程作为一种具备了一切有内在价值的活动所具有的特征。另一种观点并没有完全否认课程作为社会工具的价值，但是持有这一观点的人认为这都不是课程的内在价值，物理课程的内在价值是物理学价值的具体体现，在物理教学中根据物理教育的要求，全面呈现物理学的价值，将能更有效地实现教育目标。

三、普通教育总体目标及其对于物理课程教育的要求

我国的物理课程经历了多次的改革，但从根本上说，这些改革过多地体现在教学大纲的修改上，而没有从课程的理念或课程标准角度考虑。物理课程经过一系列的改革进入了现代教育的新阶段——素质教育阶段。素质教育是以全面提升人的素质和促进人的全面发展为核心的一种教育思想。

21 世纪之初，中国第八次基础教育课程改革在党中央、国务院的直接领导下，以令世人瞩目的态势在全国顺利推进。它让我们的课程教育发生了历史性的转变，它将实现我国中小学课程从学科本位、知识本位向关注每一个学生发展的转变。三维教学也是在新课程改革风潮下提出的。我们逐渐认识到学生掌握知识的过程实质上是一种探究的过程、选择的过程、创造的过程，也是学生科学精神、创新精神，乃至正确世界观逐步形成的过程。我国传统的教学目标受知识本位论和学科本位论的影响，为社会培养能够促进社会经济发展的人才，忽视了人的个性发展，泯灭了创新精神。当今世界人才竞争激烈，"知识"已经不可能完全取代课程的意义，科学技术这把"双刃剑"也已表现出了它另外的一面，越来越多的因科技带来的社会问题正受到人们的重视。应该特别指出的是，除了人与自然和谐关系被破坏之外，由于工具理性对价值理性的长期压制，人类生存和发展的困境还表现为人的精神力量、道德力量的削弱或丧失，而这恰恰是任何现代科学技术或物质力量都无能为力的事情。正是因为深刻地意识到上述问题的严重性，人们开始寻求诸如协调发展模式、文化价值重构模式等各种新的发展模式。1980 年，联合国大会首次提出"可持续发展"的概念，21 世纪物质文明与精神文明之间的关系问题成为重要问题，培养具有高度科学文化素养和人文素养的人才对未来有着越来越重要的意义。

第三节　物理学科的教学方式

教学手段有广义、狭义之分。广义的教学手段涵盖了教学方法的意义，为了避免与其他概念发生混淆，保证研究对象的独立性，我们从狭义上界定教学手段：教学手段是在教学思想的指导下为了实现教学目标所使用的工具、媒介或设备。物理学的发展对技术的进步起到了巨大的推动作用，技术的进步同样又对物理教学产生了积极的影响。新时期以来，我国物理教学手段的发展，同人类历史上的三次科技革命有很大的相似之处，按照其历史发展过程所呈现的形态可概括为传统的教学手段、电化教学手段，以及基于电子计算机和互联网的信息化教学手段。

一、传统的教学方式

传统的教学手段是指基本上不借助光电声效等器材开展物理教学所采用的教学手段，主要包括口头语言、印刷品、黑板粉笔等。双语教学虽然不在传统教学概念的范畴内，但可视其为传统教学手段现代化的延伸。

（一）口头语言教学

人类的教学活动是从语言开始的。在文字还没有创立、印刷术还没有得到普及的历史年代，人们只能依靠语言进行教学活动，来实现信息的传递。即使在当今信息化时代，口头语言教学仍然是一种非常重要的教学手段。改革开放初期，相比于国外，我国高校的教学条件是比较落后的。物理学的教学活动主要依靠教师课堂的讲授，然后辅之以板书讲义。因此，语言是最早被使用，也是最基本的教学手段。

语言作为一种最基本的传统教学手段，具有如下优点：第一，简便。口头语言教学一般不需要外物协助，只要教师愿意讲、学生愿意听就可以进行教学活动、传授物理知识。第二，快捷。在教师讲完相关物理知识后，可以很快地获得学生的反馈信息。通过师生的交流了解学生接受情况、衡量教学得失、调整教学策略。

但是言语教学手段也有很大的局限性。例如声音的传播范围有限，教师课堂所说的内容难以保留，对于复杂的物理模型和数学推理无能为力，加之语言的先天性缺陷——言不尽意，因此，物理教学还需要其他教学手段来完善。

（二）图形教学

狭义的图形概念指的是在载体上以几何线条和几何符号等反映事物各类特征和变化规律的表达形式。广义的图形概念包括图像、实物形状、汉语象形文字等，是一个视觉概念。与语言教学互相补充，图形教学是传统物理教学手段中的又一基本教学手段，主要包括教科书、直观教具、粉笔黑板、挂图、模型等。

在改革开放伊始，我国高校物理教学活动主要包括教师课堂讲解教材知识点、黑板书写推理过程、利用实物模型演示、印发相关补充讲义等过程。语言是最基本的教学手段，教师难以讲清的内容，通过黑板书写步步展示，让学生消化理解。实验是物理学的基础，通过实物演示，可以更好地帮助学生理解物理学的原理。文字和书籍成了保存和体现知识的主要形式，在一定程度上克服了口头语言难以保存的缺陷，成了物理教学的重要手段。

图形教学作为传统物理教学的重要手段，具有以下优点：首先，直观形象。例如物理课程中一些很简单的公式，如果想用语言表达清楚是很困难的，但是在黑板上寥寥几笔即可让学生看清来龙去脉；而运用实物模型所做的演示实验更能使学生突破想象力的"瓶颈"，目睹真实的物理现象，深刻记住其原理规律。其次，信息量大且易保存。文本的体积虽小，但是文字量大、信息丰富。学生可以利用教材讲义及课堂笔记反复学习，方便学生自学，使学生具有了一定的学习自主性，弥补了课堂上教师教学语音无法保留的缺陷。

同时我们也应该看到，图形教学也有其局限性，虽然相比语言来说更直观、形象，但是教科书主要以抽象概念反映客观事物和过程，即使是实物教具模型的演示实验也难以做到非常的形象化描述，与学生对客体的真实感受有一定的差距。

（三）双语教学

双语教学是语言教学的现代化和国际化形式，也是一种新型的教学手段。

2001年教育部颁布的文件《关于加强高等学校本科教学工作提高教学质量的若干意见》中提出，建议高校采用外语进行基础课与专业课的教学，鼓励引进原版外语教材，并要求双语教学的课程在三年中应达到5~10门，大学物理课程就是众多该类课程之一。2006年《非物理类理工学科大学物理课程教学基本要求》中对于大学物理课程的要求是在保障教学质量的前提下，鼓励有条件的院校开展物理课程双语教学。

总体上看，国内物理高等教育的双语教学起步不久，在理论和实践中都存在诸多争议与困难，尚未能达成一致的教学观点，形成固定的双语教学模式。而国外的双语教学历史比较悠久、经验比较丰富，有比较成熟的教学模式和教学理论。根据国外双语教学历史发展历程来看，主要有过渡、保持与强化三种模式。

过渡类型的双语教学模式指的是授课时以母语为主、以外语为辅，以保证学生听懂教学内容，使用的教材选用外文。此类教学模式旨在让学生掌握学科知识的同时又能接触外语的表达方式。保持类型的双语教学指的是授课时母语与外语交替使用，没有具体的偏重，而教材采用外文，目的是让学生在学会知识的同时能运用外语来表达。强化型双语教学指的是以外语授课，使用外文教材，需要时采用少量母语，将学生完全置于外语教学的环境中，适应在外语环境中的学习，使学生形成用外语表达学科内容的习惯。

目前，国内的双语教学模式主要参考以上三种模式进行适当的变动。根据实际情况，因地制宜，否则，反而容易弄巧成拙。在采用双语教学模式的时候，有以下几个问题值得关注：第一，双语教学是手段，目的是培养学生用外语思考、解决物理问题的能力，不能将双语教学简单地理解为"用外语上课"；第二，双语教学是手段，物理教学才是根本，绝不能把物理课"演变"为英语课。

二、电子教学方式

随着科学技术和教学实践的发展，人类对教学手段的意义认识越来越深、应用越来越广、教具制作工艺越来越精良、使用效率也越来越高。从 19 世纪末起，陆续出现了一些机械的、电动的直观形象传播媒体，最早问世的如照相、幻灯和无声电影等。不久，唱机、无线电广播和有声电影相继进入教学领域，形成了声势浩大的视听教育运动。到了 20 世纪五六十年代，先进的电子技术成果如电视、录音、录像和早期的电子计算机等作为现代教学手段进入课堂。20 世纪 80 年代的十年间，我国的电化教学发展很快，磁性白板、投影仪、录像带等大量涌入高校物理课堂，对传统的教学手段形成了强烈的冲击。这些电子设备大大地丰富了课堂教学方式，为教学提供了大量生动的直观感性材料，借以形成电化教学的概念。

（一）录音教学

录音机是利用声、电转换和电、磁转换原理进行工作的。它是一种既能录音又能放音和扩音的电子设备，可以广泛用于各科的教学中。物理教学中的录音教学主要包括两个部分，即录音和扩音。

录音教学不是一种独立的教学手段，作为口头语言教学的补充，其录音和扩音的功能很好地解决了教师语言既不能保存又不能远传的缺陷。学生可以利用录音设备，记录教师课堂上的授课内容；教师可以利用扩音设备，实现几百人的大班教学，这对物理学的教学具有重要的意义。另外，一些物理课堂上的演示实验，如声音的共鸣和测定声波的波长，由于声音太小而教室太大，只有少数前排的同学可以听到实验声音，通过扩音设备，就可以在一定程度上解决这个问题。

（二）投影幻灯教学

20 世纪八九十年代，教学投入的增加和教学条件的改善，有效地推动了物理电化教学。但是从总体上来说，我国的教育经费偏低，人均教育经费与世界相比更是有很大差距。我国电化教学的一个突出标志就是投影仪和幻灯机的使用。投影仪和幻灯机的价格便宜、操作简单，作为传统教学手段的辅助性工具，具有很大的优越性。

在物理教学活动中，首先，可以采用投影图片代替教学挂图。投影图片和教学挂图相比具有成本低、携带方便、易于保存等优点，还可以用水彩笔在图上做出标注。其次，投影胶片的使用可以代替黑板，节省了黑板书写及擦黑板的时间，增加了授课信息量。投影胶片的书写可以使用各种颜色的水彩笔，使教学内容重点突出、一目了然。而且与黑板写完即擦相比，投影胶片可以保存下来随时取出方便教学。另外，投影仪和幻灯机还可以用于实验教学。例如投影仪作为复色光源并有放大作用，可以演示光的偏振现象、双折射现象等。幻灯机的光源强度大、分辨率高，对记录和展示实验结果（如光的干涉、衍射）非常适宜。

投影教学基本上保留了传统教学手段的优点，具有以上所述的特长，得到了广大物理教师的普遍认同。其间诞生了诸如《普通物理学投影教学资料片》《普通物理（之一）/（之二）教学投影片》《大学物理教学投影片》等一系列具有代表性的作品，对我国高校物理教育产生了积极的推动作用。

（三）电视录像教学

电视录像教学是通过运用教学录像来表达复杂的、动态的教学内容。电视录像教学的表现手法丰富多彩，可以综合运用声音、图片、动画等形式多角度地展示教学内容、增加教学信息量、调动学生思维的积极性、提高学习的趣味性、弥补传统教学手段在空间感、动态感等方面的不足，取得较好的教学效果。

电视录像教学也只是一个辅助性的教学手段，其教学效果的好坏不取决于电视机，而在于教学录像的制作优劣及教师能否合理地使用教学录像。

20世纪80年代初期，随着电视技术的发展，电视大学纷纷成立，电视录像教学在高校也风靡一时，《大学物理学电视插播片（印象文字结合教材）》就是个成功的范例。

三、网络教学方式

计算机网络技术的兴起标志着人类进入信息化时代。对于物理教学而言，基于计算机网络技术的信息化教学的诞生，同样是一个划时代的事件。信息化教学主要包括基于多媒体计算机的"多媒体模式"和基于Internet的"网络模式"。

"多媒体"是指将文字、图形、声音、动画、视频等媒体和信息技术融合在一起而形成的智能化传播媒体。而"网络模式"是指利用互联网开展远程教学的模式，突破了课堂对教学的限制。

随着信息技术的飞速发展和教学改革的不断深入，信息化教学作为一种现代化教学手段，很快被引进大学物理教学中，对以往的教学手段产生了极其强烈的冲击。比如在今天的高校物理课堂教学中，就很难再见到投影胶片的使用，电视机也换成了电子计算机。物理教育者应当充分认识到信息化教学的先进性与优越性，加以合理的利用，使其与物理教学科研相结合，为物理教学服务，提高物理教学效率。

（一）多媒体教学模式

多媒体教学模式主要是借助多媒体工具、计算机网络技术开展物理教学。综合而言，"多媒体"教学主要有以下优点。

1. 使教学内容直观具体、生动形象

理工科的学生普遍认为物理是一门较难的课程。笔者认为，之所以产生这种情况，主要因为物理学是一门以观察实验为基础的科学，而课堂教学却远离观察实验，多以抽象性的原理概念为主。通过前文对传统教学手段的描述，可以看出传统的教学手段难以构建起真实的物理场景，很难让学生产生身临其境的感觉，学生的思考难度很大，自然而然产生恐惧心理。

多媒体教学作为一种先进的现代化教学手段，能够形象、生动、直观地实现传统的教学手段难以实现的宏观与微观运动与机构，这种物理运动过程运用传统的教学手段很难讲清楚、画明白。多媒体教学最突出的功能是其强大的模拟功能与逼真的模拟效果，能够使抽象的物理知识转变为学生直接观察的具体对象，帮助其理解与记忆。

多媒体教学通过虚拟的场景模拟，采用直观的形象思维弥补抽象思维的不足，使物理教学生动有趣，这是其他教学手段所不具有的功能。

2. 便于拓展教学内容、增大信息量

多媒体教学不需要花费课堂上大量的板书与作图时间，而将节省的时间用于重难点的讲解上，提高教学效率。相比于投影胶片、录像教学，多媒体的优势在于智能化，教师拥有更多的主动权，不需要依赖投影胶片和录像的制作。

运用多媒体教学手段，可以很方便地实现资源共享，既可以获得大量的物理学科的教学资料，又可以实现学科交叉，拓展物理教学内容。而在具体的物理教学时，可以借助多媒体综合处理文字、图像、声效等功能，把知识点演绎得精彩纷呈，帮助学生在课堂教学中正确地理解及掌握学习内容。教师语言之不足，补之以图形；图形示意之不足，补之以动画；动画展现之不足，再继之以教师讲解，使学生在物理学习的过程中不仅动"耳"，更要动"眼"，充分体现了物理学作为一门实验科学的特点。

此外，可重复在多媒体辅助教学拓展教学内容，增大信息量中起到了十分重要的作用。多媒体教学内容可以反复播放，而不像板书一旦擦去就不能恢复。而老师上课的多媒体课件可以十分方便地不断修改与复制，在教学内容的保存上起到了重要的作用。

3. 弥补教学硬件条件不足

我国的高等院校办学条件参差不齐，总体上比较落后，很多院校没有完善的实验室设备，或者实验条件落后，导致很多物理教学上的实验无法完成。另外，虽然有些院校办学条件较好，但由于我国物理教学模式的落后，很多实验在教学中无法实现。如果失

去实验教学的环节，学生就很难理解所学到的抽象的理论知识，这也充分体现了物理学作为实验科学的特征。导致学生知其然而不知其所以然，学生仍然依靠死记硬背来掌握知识，效果之差不难想见。

为此，可以借助多媒体教学，把条件不足以演示的物理实验及实验中难以实现的物理现象，借助多媒体视听的技术形象地展示给学生。对物理现象的主动观察，总结概括物理规律与先教给学生抽象的定律然后进行推理演绎是两条截然相反的学习道路。现代科学的发展史证明，只有切身参与对物理现象的观察，才能真正地理解物理，掌握物理学的思想方法。当然，视听过程不能取代学生动手做实验的过程。而做实验的目的是让学生深刻理解掌握物理知识，因此可以把两者结合起来，一看一做，印象将更加深刻，更利于知识点的掌握。

4.提高学生学习兴趣和主动性

在大学物理教学中，课堂教学一直是教育活动的主要构成部分，是实施大学物理教育的基本途径。在传统的大学物理课堂教学中，一直是以教师讲授教科书和讲义上的物理概念和知识为主，以学生听讲记录为辅。在这种教学模式下，学生只是被动地听，因此只有很少的一部分可以做到全神贯注，能够使学生在一堂课中始终保持注意力的老师更是凤毛麟角。当学生接受知识都变得困难的时候，进行批判性的思考就难上加难了。

传统的物理课堂教学中以教师讲解核心内容为主，学生主要是被动地接受知识，很少能够积极地参与到课堂中来。多媒体教学相比于传统的教学手段，可以在很大程度上实现互动性，多重的视听效果不断地牵引学生进入教学的核心内容。在对教学内容的选择与思考的过程中，学生在学习中的主体地位便显现出来了。

（二）基于 Internet 的"网络模式"教学

互联网技术的发展与广泛应用，为物理教学带来了很大的便利。我们可以方便地从网络上获取学科前沿知识及与教学有关的资源。互联网的普及，为个人形成终身学习的机制、构建学习型社会开通了一条绿色通道。通过借助互联网，只要学生需要，互联网这个虚拟的学习空间就可以为学生提供足够的学习内容，学习活动可以随时随地进行。学生成为教学的主体，不再受学习的时间、地点、班级、教师的限制，这与素质教育的精神内涵是一致的，因而基于 Internet 的"网络模式"又是开展素质教育的有效途径。

基于 Internet 的"网络模式"教学，将对传统的课堂教学起到很大的补充作用。传统的课堂教学模式将被一种综合型的教学模式取代，即以课堂教学为主、以网络教学为辅。校园网为开展物理网上教学搭建了一个非常好的平台。教师可以将自己的教学内容与学习资料上传到网页上，将自己的主页建设为学生学习的网络课堂，供学生选择性地使用。在互联网这个平台上，学生可以选择不同的教师主页、不同的教学内容与教学资料，真正地实现资源共享。在此基础上，教师可以开展网上答疑，解答学生平时学习的困惑。

第四节　物理学科的教学方法

教学方法是为实现既定的教学任务，师生共同活动的方式、手段、办法的总称。它具有服务性、多边性、有序性三个主要特征。教学方法是教学过程中一个十分活跃的关键因素，对于完成教学任务、实现教学目的起着决定性作用。在物理教学过程中只有正确地选择、恰当地运用教学方法，才能取得良好的教学效果。

一、物理教学方法概述

什么是方法？概括地说，方法是指向特定目标、受特定内容制约的有结构的规则体系。这样看来，"方法"这一概念至少有三个基本规定。第一，方法受特定价值观的制约，旨在实现特定目标。方法不是价值中立的、放之四海而皆准的，而是受特定价值观的制约并体现特定价值观的，即使是自然科学方法也同样如此。方法是人根据特定目标、为了实现特定目标而制定的操作系统和步骤，所以，方法具有目标指向性。第二，方法受特定内容的制约。哲学家黑格尔曾说，方法是"关于内容的内部的自我运动形式的意识"，方法不是任意规定的，它受特定内容（所作用的对象）的内在逻辑的制约，是特定内容的引申。内容决定方法，方法受内容制约。第三，方法是有结构的规则体系。方法受特定目标的指引，以及特定内容的制约，是基于对目标与内容的认识和理解的操作规范，所以，它是有计划、有系统、有结构的。

什么是教学方法？教学方法是指向特定课程与教学目标、受特定课程内容制约、为师生所共同遵循的教与学的操作规范和步骤。它是引导、调节教学过程的规范体系。或也可认为教学方法是在某种教学模式下，教师和学生为实现教学目标而采用的工作方式组成的方法体系。它既包括教师教的工作方式方法，也包括学生学的各种活动方式方法。

什么是物理教学方法？物理教学方法是指在物理教学中，在某种物理教学模式下，教师和学生为完成一定的教学目标而采用的一系列活动方式、方法的总称。

二、物理教学方法的本质

任何方法都是人们为了达到某种目的，在从事某项活动的过程中所采取的策略和途径。物理教学方法则是为了实现教学目标在物理教学活动中采取的教学策略和教学途径。我们都知道为实现同一目标或达到同样的目的可以采用不同的策略和途径，因此教学方法不是唯一的而是多样的，我们平时所说"教定有法，教无定法"就是这个意思。对物理教学方法，我们可以从以下三个方面把握它的本质：

第一，物理教学方法体现了特定的教育价值观，指向实现特定的物理课程与教学目标。有什么样的教育价值观，就有什么样的课程与教学目标，也就有什么样的教学方法。脱离了特定的教育价值观和相应的课程与教学目标，就无法选择也不能理解教学方法。因此，一方面，要把握一种教学方法的本质，就必须着眼于它所体现的根本的教育价值观，看它究竟是指向怎样的课程与教学目标。另一方面，特定的教育价值观、特定的课程与教学目标也必须依靠相应的教学方法来实现和达成。

第二，物理教学方法受特定的物理课程内容的制约。物理教学方法的要素与规范要真正对物理教学过程起作用，还必须与特定的物理课程内容结合起来。这种结合反映了特定课程内容的内在要求，这是物理教学方法的具体化过程。物理学科的教学必须运用适合物理学科内容的思维方法、研究方法、研究手段。因此，物理教师要探讨并把握本学科的方法论特性。

第三，物理教学方法还受教学组织的影响。教学组织形式会直接影响教学方法的选择。例如，在个别化教学组织中就难以实施有效的集体讨论式的教学方法，而在班级授课组织中，采用自主型教学方法也要受到根本限制；反过来，教学方法也会影响教学组织，所以，教学方法与教学组织也是内在统一的。

第四，教学方法、教学方式和教学模式是三个不同的概念。教学模式是在一定教学思想或理论指导下所建立起来的各种类型教学活动的基本结构或框架；教学方法是在某种教学模式下所采取的工作方法体系；而教学方式则是教学方法的细节，教学方法是由许多教学方式组成的。

由此看来，作为特定的教育价值观的具体化的课程与教学目标、课程内容、教学方法、教学组织四者在动态交互作用中融为一体，这就是教学过程。

三、物理教学方法的基本类型

有经验的物理教师，其教学方法的构成是丰富多彩、千变万化的，而且总是包含着体现其个性特色的独创性因素。要形成独特的物理教学风格，物理教师必须对人类在漫长的历史发展中所形成的物理教学方法的基本类型有所了解。如从教师、学生、教材与环境三方面交互作用的角度来审视教学方法，可以把纷繁复杂的教学方法归结为三种基本类型，即解释型教学方法、交往型教学方法、自主型教学方法。

（1）解释型教学方法。解释型教学方法具有其他教学方法、教学手段所不可替代的教育功能。首先，人是一种文化存在，在有生之年继承并发展人类在漫长的文明史中所积累起来的文化遗产，是人的一种人生使命。解释型教学方法能够使人在短时间内理解并接受大量的文化知识，适应个人与社会的发展需求。其次，解释型教学方法能够充分体现教师的主体性和主导作用。教师对特定知识领域的理解程度、教师的语言能力、教师的教育艺术，可以在解释型教学方法的运用中得到充分展现。实践证明，在许多场合，对于历史上与现实中的重大事件、伟人的形象与艺术品的描绘等，教师有条不紊的讲述要比其他方法来得有效。当教师通过富有感染力的语言表达其对特定教学内容的独特理解和真情实感时，学生会产生难以忘怀的感受。最后，解释型教学方法也可以充分调动学生理智与情感的主动性、积极性。在认识理解解释型教学方法时，不能把接受学习与机械被动学习等同起来，接受学习同样可以充分调动学生理智与情感的主动性、积极性。

（2）交往型教学方法。这类教学模式的主题是社会互动理论，强调教师与学生、学生与学生之间的互动与交往、对话与交流。其模式目标是培养与发展学生的社会性品质，诸如如何表现自我、如何倾听别人、如何与人交往等，并在这一过程中完成知识的学习与掌握、能力的培养与发展。这种教学方法的基本特点是教师和学生民主参与教学过程，在教学过程中能够发挥教师和学生这两类主体的积极性。

（3）自主型教学方法。自主型教学方法是学生独立地解决由他本人或教师提出的课题，教师在学生需要的时候适当提供帮助，由此而获得知识技能、发展能力与人格的教学方法。这种教学方法的最根本特征是学生的自我活动在教学中占主导地位，学生的"自我活动性""自主性"是这种教学方法的核心。教师当然要为学生的自主学习提供指导与帮助，但其目的是使学生的自主学习、自我活动更加健康地进行，而不是要用教师的讲授代替学生的自主学习。近年来教学研究表明，只要运用恰当，自主型教学方法会获得各种积极的效果。

四、物理教师的教法

物理教师可以利用本学科有限的基本教学方法，根据具体教学情况加以选择或综合运用，创造出生动活泼的、具体的教学方法。

（一）讲解法

讲解法是指教师运用口头语言进行教学的一种方法，此法通过教师的语言，适当辅以其他教学手段向学生传递知识信息，使学生掌握知识，启发学生思维，发展学生能力。讲解法是在物理教学中应用最广泛、最基本的一种教学方法，教学内容越系统、理论性越强，越适合于采用讲解法。它既可以描述物理现象、叙述物理事实、解释物理概念，又可以论证原理、阐明规律。讲解法从教师教的角度来说是一种传授的方法，它能够充分发挥教师的主导作用，使学生在短时间内获得大量的知识信息。但使用这种教学方法时学生比较被动，不能照顾个别差异，学生习得的知识不易保持。尽管如此，在当今信息社会，讲解法仍不失为一种最重要的教学方法。运用讲解法，教师以生动、形象，富有感染力、说服力的语言，清晰、明确地揭示问题的要害。积极地引导学生开展思维活动，同时，要适当地利用挂图、板书、板画、演示实验等教学手段加以配合。教师讲的内容不仅包括结论性的知识，也包括相应的思维活动方式。教师在讲解知识的同时，也要把自己的教学思路及提出问题、分析问题和解决问题的过程呈现给学生。学生的学习主要是按照教师指引的思路，对教师讲解的内容进行思考和理解，并从中学到一些研究问题、处理问题的方法。在物理教学中，运用讲解法应当做到以下几个方面。

（1）讲授要有系统性和逻辑性，要求条理清楚、推理合乎逻辑、层次分明、重点突出、详略得当、深浅适度、通俗易懂、生动有趣。切忌平铺直叙、艰深晦涩、空洞枯燥。要注意学生的认知心理，注意从已知到未知、从感性到理性。

（2）教师的语言必须清晰、简练、准确、生动，尽量做到深入浅出、通俗易懂，语言抑扬顿挫，语速快慢适度，要具有说服力、感染力和表现力。教师要全身心投入，以情感人，发人深思。

（3）教师的讲授要具有启发性，激发学生的积极思维、使其独立思考；要善于设疑、释疑。切忌一味灌输，把学生当成知识的容器，从而导致注入式教学。

（4）讲授中要注意激发学生的兴趣、吸引学生的注意力，要善于提出问题，创设问题情境，引发学生的学习动机，激发学生的思维活动。

（5）符合学生的认知水平。讲解的内容应以优化的序列呈现给学生。在类属学习中，要遵循一般到个别不断分化的认识路线呈现教学内容；对于总括学习和并列学习，教学内容的呈现则要确保系列化，遵循由浅入深的认识路线。优化的序列反映了知识本身内在的逻辑结构和学生学习过程的思维顺序，它能促进学生快速有效地把教师呈现的内容内化为己有。如果脱离学生的认知水平，那么学生在已有的认知结构中就找不到适当的、可以同化新知识的观念，使新知识不能纳入学生的认知结构，便成为机械接受、机械记忆。

（6）突出重点。教师讲解的内容不能不分主次、平均用力，教师应善于抓住教材的重点、难点，但重点的突出不能靠简单、机械的重复叙述，应该巧妙地运用变式，从全新的角度、视野进行分析和阐述。

（7）具有启发性。讲解的启发性主要体现在激励学生的思维活动、激发学生学习兴趣和求知欲望上。为此，教师的讲解不能平铺直叙、强行灌输，而是要不断提出问题、分析问题、解决问题。疑问是学生开展思维活动的诱发剂和促进剂，能够充分调动学生的积极性和主动性。

（二）角色扮演教学法

"角色"原是戏剧中的名词，是指演员扮演的剧中人物。它被引入教学活动中，其方法称之为角色扮演教学法。角色扮演教学法是指学生在教师指导下根据教材内容中的人物要求扮演相应角色，通过角色扮演活动加深对教材内容的理解和掌握的教学法。在实际教学中，角色扮演常通过课本剧等形式表现出来。角色扮演法正是给学生提供体验真实环境的机会，让他们站在特定的角色立场上，将自己的行为态度及价值观和教师所赋予的行为态度及价值观进行比较，形成正确的科学态度及价值观。在学习有关电学知识后，让学生考察自己家中的用电情况，思考节约用电和合理用电的方法。

角色扮演是将物理学的问题转化为与学生生活实际紧密联系的内容，学生在参与社会决策中，能自觉运用所学的物理知识去分析、判断，在扮演、体验和决策的过程中提高自己运用物理知识的能力，同时在端正科学态度与树立价值观方面也获得效益。

（三）演示实验法

演示实验法是教师在课堂上通过展示各种实物、直观教具，或进行示范性实验，让学生通过观察获得感性认识的教学方法。这种方法，一方面提供了学生学习物理概念和规律所必需的感性材料，创设物理情境，激发学生兴趣，培养学生的观察思维能力；另一方面对学生进行科学思维方法教育。运用演示实验法时应注意如下问题：

（1）从教学目的要求出发。①如果希望用演示来引入课题，则要求实验尽可能新奇、生动、有趣，以激发学生对所研究问题的兴趣和求知欲望；②如用演示帮助学生形成概念和认识规律，则要求实验能提供必要的感性素材，简单明了，尽可能排除次要因素的干扰，使学生建立正确、清晰的物理图像；③如果运用演示来深化、巩固、应用物理概念和规律，则应突出所选实验的启发思考性，以及理论联系实际的要求。

（2）现象明显、信噪比大。为此，仪器的尺寸应足够大，测量仪表的刻线应适当粗些，仪器的主要观察部件与背景之间的色泽反差比较大。对于某些微小的变化量，必要时可借助机械放大、光放大和电放大的手段。为提高演示的信噪比，应强化有用信息的刺激作用，尽可能调动学生多种感觉器官（视觉、听觉、触觉）在观察中的作用，以加深学生的印象。为使学生在感知的基础上顺利地进行抽象思维活动，实验现象应尽可能直观。

（3）多用自制教具和日常生活用品随手组装的"仪器"进行演示。这样做不仅是为了节省开支，更重要的意义在于可以消除学生学习物理、探索发现的神秘感，激发学生的学习兴趣，潜移默化地对学生进行创造性思维和良好品德的教育。用鸡蛋、气球、饮料塑料瓶、易拉罐、玩具马达等可以做许多演示。

实践证明，演示法不仅能理论联系实际，为学生学习新知识提供丰富的感性材料，还能激发学生学习的兴趣，增强学习的效果。

（四）资料搜集与专题讨论法

在现代信息技术逐渐普及的大环境下，教学资源极为丰富。除了传统的去图书馆查询资料，学生还可以通过上网来搜集与物理学科有关的各种信息资料。关于查阅文献资料，教师可告诉学生一些查阅的基本知识，比如期刊论文、专利、技术标准等直接记载科研成果。报道新发现、新创造、新技术、新知识的原始创作称一次文献；将分散、无组织的一次文献进行加工、简化、压缩、整理成目录、文摘、索引等，作为一次文献线索的文献称为二次文献；在利用二次文献的基础上选用一次文献的内容，经过综合、分析而编写出来的文献，称为三次文献。一般从三次文献着手查阅，当从中查到一篇新发的文献后，以文献后边所附的参考文献为线索进行逐一追踪查阅。物理课程的新理念包括：从生活走向物理，从物理走向社会；注意学科渗透，关心科学发展等内容。围绕这些理念，物理教学采用专题讨论。专题可以是学生尚未学过的某个物理知识内容，也可以是物理学与经济、社会发展互动专题，还可以是其他与物理知识相关的学生感兴趣的专题。物理教学中，资料搜集与专题讨论法应当做到以下几个方面。

（1）首先由学生自主确定学习内容的专题，然后学生独立阅读文献资料，在教师指导下搜集资料，并结合自己原有认知对所获得的信息进行选择、加工和处理。其次学生进行小组讨论，参加讨论的每一名学生都可以就相同问题提出自己的看法，相互交流，从中获得比课堂教学更深一步的认识和了解，最后以小组为单位形成专题研究报告。

（2）讨论前，教师要提出讨论的题目、思考提纲和讨论的具体要求。教师必须在熟练地把握教材内容、教学要求、学生学习容易遇到的困难和障碍的情况下，提出恰到好处的讨论题目。同时，要充分估计在讨论过程中会出现的各种情况以及准备如何完善地引导和解决问题的措施。一般应要求学生课前阅读教科书和有关参考资料，进行各种观察、实验，搜集资料，准备发言提纲。

（3）讨论时，教师要善于启发引导。既要鼓励学生大胆地发表意见，又要抓住问题的中心，把讨论引向揭露问题的本质。根据讨论的进程及时指出问题的重点和矛盾所在。

（4）讨论结束时，教师要进行总结。对讨论中的不同意见要进行辩证的分析，做出科学的结论。可根据情况，提出需要进一步探讨的问题。教师要正确评价学生的发展，应着眼于引导和鼓励。

资料搜集与专题讨论法在倡导发展学生自主学习能力和独立探究能力的今天，为许多物理教师所采用。

（五）读书指导法

读书指导法是教师指导学生阅读教科书和其他有关书籍而获取知识并发展智能的教学方法。此法有利于培养学生的自学能力和习惯，便于从学生的实际出发，有利于教师个别指导和因材施教，是学生运用新课程倡导的自主学习方式时常用的方法。但这种教学方法也具有一定的局限性，它适用于难度较小的章节或段落，有利于叙述性和推证性的知识内容，不利于培养学生观察、想象、操作等能力，限制了师生的情感交流与认知上的及时反馈。

物理教学中，运用读书指导法应当做到以下三个方面。

（1）指导学生精心阅读教科书。要根据教学过程的不同阶段，指导学生采用不同的阅读方式：在传授新知识的过程中，应指导学生独立阅读、提出问题、找出重点难点；

在应用知识过程中，应指导学生依据教材消释疑点、抓住关键，促其积极思考、深入探讨；在布置作业过程中，应指导学生搞好预习、复习等。

（2）指导学生善于阅读课外读物。教师必须认真指导学生制订好阅读计划、选好读物，同时要教给他们阅读的顺序和方法，指导他们做好阅读笔记。

（3）要根据物理学的特点指导学生读书。与数学、语文等教材相比，物理教材有其自身的特点。从内容上看，教材中的概念一般都有较为严格的定义，许多概念和原理可以用数学公式来表达，而这些公式不仅反映数量关系，还有一定的物理意义。此外，教材中还有大量关于物理实验的描述。从表述方式上看，有文字、数学和图表三种语言。在物理学中，即使是文字语言也往往有其特定的含义和习惯用法。所以，教师必须给予指导，使学生逐渐熟悉物理学的特点和物理学的表述方法，学会阅读物理学书籍。

五、学生的学法

学生掌握物理知识与技能，完成物理学习任务的心理能动过程就是学生的学法，它具有实践性和功效性。好的学习方法的形成要经过反复实践，并在教师指导下不断扩充和完善。而行之有效的学习方法会极大地提高学习质量。

（一）阅读与思考

物理学习是需要对教材和有关资料进行阅读的，而教材和有关资料上的文字符号往往是一维空间性质的信息，其图示、照片充其量是二维空间（或时空）的信息。现实中的物理研究对象大都是四维的，即三维空间和一维时间紧密相连的客体，而且它们在四维时空里不断发展变化着。学习者阅读时要按照其中文图叙述的逻辑顺序实现上述转换的逆转换，即将低维信息在头脑中还原成原本存在的高维信息。然而，不是所有的物理知识都能通过上述行为来活化和物化的，一些通过思维加工抽象的物理概念及规律，需要学习者也经历同样的思维过程才能领悟其中丰富的内涵。因此，阅读与思考在物理学习中十分重要。

物理学习中出类拔萃的学生，阅读时能够比较全面领会其中的内容。比如，对新编普通高中物理教材，除正文之外设置了许多小栏目，学得好的学生除了认真阅读教材的正文之外，对各栏目也绝不放过。另外，他还喜欢读物理方面的课外书。由于经常关注，他知道从什么地方能快捷、准确地找到自己需要的资料。面对众多类似的乃至书名相同的读物，他会通过浏览书名、作者、出版者、前言和书中的目录，大体知道该书研究些什么、采用什么研究方法，是否是自己最需要阅读的，然后决定取舍。他还会将阅读获得的新知识与原有的旧知识进行比较，弄清它们之间的关系，以此加深理解；他会通过实际应用检查学习效果，必要时还会重新阅读。

（二）记忆巩固

通过熟记达到巩固所学内容的目的，这是大家所熟知的。这里，涉及图表记忆、谐音记忆、形象记忆、顺口溜记忆、联想记忆、系统记忆、类比记忆等巧记、妙记以缩短记忆周期的方法。需要强调的是死记硬背的机械记忆对知识的巩固无益，理解基础上的记忆才是科学的记忆。因此，记忆是为了巩固，这一目标要明确，意识性要强，而且要注意合理用脑。

（三）观察和实验

物理学是一门实践性很强的学科，其知识体系主要源于对物理对象的观察与实验。即使是抽象思维总结的内容，最终也须经受观察与实验等实践的检验，方能上升为物理理论。因此，观察与实验是物理学习与研究中非常重要的方法。需要注意的是，并非所有物理现象及其规律都可以通过观察就能探究的。由于许多物理现象的发生和变化是与周围环境互相作用、互相影响的，要探究其物理对象的功能和属性，有时还非经人为控制条件下的实验不可。实验可以活化和物化研究对象，可以创设问题情境，可以渗透物理思想和科学研究方法，可以培养学生动手操作能力、观察思维能力，甚至可以锻炼其意志品质。因此，不重视实验的学生难以学好物理。正是由于勤于动手，物理学习成绩优秀的学生在实验操作上才能显得熟练而从容，他就能比别人赢得更多的时间去思考：如何确定实验目的、明确操作要求和步骤；如何选择实验原理表述和测量的方法、测量用的仪器设备；如何发现、分析和处理实验中出现的误差；如何应对可能出现的意外情况；等等。

（四）查漏补缺

通过检测发现知识点的遗漏和暂缺，建立卡片，搜集整理缺漏内容，如错解集、概念辨析本等，以随时提醒自己去理解和掌握那些被遗忘疏漏的知识。

（五）具有合作精神

为了更好地完成知识的建构，学习者有必要与别人进行讨论、协商、合作、竞争，以及多方面的接触，以使自己的认识更为准确、更加全面。物理学习出类拔萃的学生，无论是分组讨论或是分组实验，只要在认知上与同学发生碰撞，表现总是特别活跃，大胆发表自己的看法，认真倾听别人的意见，既坚持原则又尊重他人。当同学学习上遇到困难时，要乐于交流自己的学习方法，因为在解答同学提出的疑难问题的同时，自己的学习水平也能得到提高。通常情况下，物理优秀的学生更加具备合作精神。

六、物理教学的新方法

技术革命不仅扩展了学习赖以发生的时间和空间，而且改变了学习方式。因此，需要转换视角，重新理解教育中的技术，展开教育方式转变的研究。技术同样促进了物理教学新方法的出现。

（一）多媒体辅助教学法

多媒体计算机辅助教学（Multimedia Computer Assisted Instruction，MCAI），它是将教学信息由多种媒体软件，通过人机交互作用完成各种教学任务，优化教学过程和目标。多媒体辅助教学可以创设图文并茂、动静结合、声情融会的教学环境，为教学提供了逼真的表现效果，扩大学生的感知空间和时间，提高学生对客观世界的认识，能对学生产生多种感官的综合刺激，使学生从多种渠道获取信息，相互促进、相互强化，让学生处于思维活动的积极状态，是提高课堂教与学的质量、优化教学的科学选择。它极大地改变了传统的教学方式，不仅拓展了教学技术手段，还提高了教学效果。在现在的课堂教学中，几乎每节课都需要多媒体辅助教学的参与，它大大丰富了学生的课堂内容，调动了学生的学习积极性与能动性。学生可以在使用多媒体教学的过程中自主学习，最大限度地发展物理思维能力。

（二）传感器实验教学法（DISLab 教学）

DISLab 教学是由"传感器+数据采集器+实验软件包（教材专用软件、通用扩展软件）+计算机"的新型实验系统。该系统成功地克服了传统物理实验仪器的诸多弊端，有力地支持了信息技术与物理教学的全面整合。

开发和应用 DISLab，不仅是技术层面的提高，更是教育思想观念的进步。首先，传感器、计算机等信息技术设备都是物理学发展和进步的成果，将其应用到物理实验教学当中，本身就是开阔视野、与时俱进的举措；同时也为科学方法的培养和科学精神的塑造提供了鲜活的素材。其次，工具的发展是脑的扩展、手的延伸，是人类文明进步的阶梯。借助这样的系统，可以实现对物理现象的多角度感知和多视角探究，促进物理教学方法的发展。在物理实验教学中运用传感器系统，可以更好地适应新课程改革的要求，把传感器技术、计算机技术、数据采集和处理技术与物理实验教学结合起来，创建一种科学探究的学习环境，满足学生的自主学习和合作学习的需求，培养学生的物理思维能力和问题研究意识，在合作学习中培养学生健全的人格。

用磁传感器对通电螺线管内的磁感应强度进行测量。打开软件，显示出数据表格和坐标。实验时每改变一次测量距离，点击一次数据记录，得出不同位置的磁感应程度，并启动绘图功能。另外，还可以改变电流方向，观察磁感应强度的变化情况，分析磁感线方向，结合线圈绕线方向，验证右手定则。该实验系统的自动绘图功能能使学生更容易通过实验学到物理方法并运用工具实现自己认为必要的研究，这将大大促进学生的自主学习能力和创新思维能力的提升。DISLab 教学的引入为物理教学方法注入了新鲜的血液，将极大地提高物理教学效能，推进学科教育改革。

（三）仿真实验教学法

仿真实验教学是利用计算机模拟技术，结合专业实验特点，通过计算机仿真软件虚拟完成实验过程的一种教学方式，是一种崭新的实验教学手段，也是实验教学改革的发展趋势。仿真实验教学从现代教育技术角度出发，能够有效协调实验课与技能训练之间的关系，为学生技能训练提供内容、时间、空间和人员保障。仿真实验呈现的教学内容可以是操作性实验、技能性实验、基本操作实验、综合性实验、课内实验、课外实验或开放性实验。因此，仿真实验的教学内容能够包括各层次的实验，体现多元化和层次性。实验教学的最终目的是培养物理思维能力和实验操作技能，要达到这个目的，必须充分调动学生的实验积极性。仿真实验教学是利用现代教育技术与专业教学结合，计算机、网络技术和动画设计本身具有很高的趣味性，能够有效地激发学生的学习兴趣。在仿真物理实验中，教师和学生双向控制、共同使用和操作计算机软件，鼓励学生探索和自主学习，既能使学生近距离接触实验，又能自我设计和展示实验，锻炼思维能力，减少实验中的不可控因素。

（四）MBI 教学法

MBI 教学即模型建构式探究教学（Model-Based Inquiry，MBI），它把科学探究视为一种以运用证据发展和修正解释模型的过程，将学习科学知识、发展探究能力和增进科学本质理解融为一体。随着新技术和科学理论的发展，科学哲学界对观察本质的认识已经从"感官感知"转变为"理论驱动"。也就是说，观察具有理论渗透性而非客观中立，在观察中看到的东西取决于观察者已有的经验背景。对科学观察本质的重新审视，引发了人们对科学知识本质的新思考。当前，科学知识不是被实验证明了的既定真理，而是人类建构的、基于证据的解释模型，成为科学哲学界的共识。与此相呼应，模型建构式教学提出探究应着眼于"思想"的建构、检验和修正，即依据对真实世界的观察形成关于物体、过程和事件的一系列假设性关系，这一过程往往就是模型的建构过程。模型建构式探究教学的教学环节包括：

（1）设定 MBI 的基本参数，即待研究的关键现象，并且它可以依据因果关系予以解释，还要建立现象和学生兴趣及经验之间的联系。

（2）教师提供学生课程资源及相关经历（如观看视频或者演示实验），促使学生形成初步的模型。

（3）生成假设。引导学生提出模型中变量间的潜在联系，而不是简单的预测。所提的假设要能促进对现象的理解，并允许竞争性假设及模型存在。

（4）寻找证据。教师提出如何收集数据以检验模型，如何识别所观察现象的规律或关系等问题。师生通过对话明确假设可以有多种方式检验。

（5）建立论证。学生阐述对现象的可能解释，要以数据为证据将描述发展为解释，学生认识到其他可能解释的存在，学生阐述其初始模型是如何根据证据而改变的。

模型建构式探究教学认为，只有学生在探究中不断建构、使用、评价和修订模型，解释自然现象，才能建立起科学知识，使其具有可检验性、可修正性、解释性、推测性和生成性的本质特征。以发展和理解自然界运作方式的解释作为探究目的的模型建构式教学，比以寻找自然界规律作为探究目的的科学方法式教学，更有利于学生认识科学知识的本质特征。

七、物理教学方法的选择与运用

（一）选择教学方法的意义

在实际教学中，教师能否正确选择教学方法成为影响教学质量的关键。教学方法对教学效果有特别重要的影响。同样的教材，让知识水平相当的教师使用，由于教学方法上使用的得失，其教学效果往往不尽相同。要取得良好的教学效果，必须讲究教学方法。教学工作绝不是简单地照本宣科，而是要从实际出发；所选择的教学方法，都应促进师生之间的相互交流，激发学生的学习兴趣，引起积极的思维活动，有利于学生掌握知识、发展智能，提高思想品德素质，有利于学生科学素质的发展和提高。

（二）教学方法的选择

随着教学改革的不断深入，又会有许多新的有效的方法产生。因此，在实际教学时，教师能否正确选择教学方法就成为影响教学质量的关键问题之一。教学方法的选择是有客观基础的，不能单凭主观意向来确定。选择教学方法的依据至少包括以下五个方面：

（1）教学目的。要选择与教学目的相适应的，能够实现教学目的的教学方法。对教学方法的选择直接起着导向作用的是具体的教学目标，即由总的教学目的、教学任务分解出来的每个学期、单元、每节课的具体教学目标。每一方面的目标都需要有与该项目标相适应的教学方法。因此，为了选择最佳教学方法，教师必须懂得有关目标分类的知识，能够把总的、较为抽象的教学目标、教学任务分解为具体的、可操作的教学目标，根据这些目标来确定用何种教学方法进行教学。

（2）学生的实际情况。教学方法的选择还要受到学生的个性心理特征和所具有的基础知识条件的制约。对不同年龄阶段的学生需要采用不同的教学方法，在初中阶段，应广泛采用直观法，而且要不断变换教学方法，这样有助于学生保持对学习的兴趣和积极性；在高中阶段，适宜于更多地采用抽象、独立性较强的教学方法，如讨论法、实验法、问题探讨法、演绎法等。除了个性心理特征上的差别外，学生已有的知识基础和构成的方式也是千差万别的，这对教学方法的选择也有至关重要的影响。

（3）教材内容。应依据具体教材内容的教学要求，采用与之相适应的教学方法，因为一门学科的内容总是由各方面内容构成的内容体系，在这一体系中，不同的内容又具有不同的内在逻辑和特点，可以根据内容的特点选择不同的方法，如归纳法、演绎法、探索法和讨论法等。

（4）教师的特点。教学方法的选择还要考虑教师自身的素养和条件，适应教师对各种教学方法的掌握和运用水平。有些教学方法虽好，但教师使用不当仍然不能产生良好的效果，甚至可能出现适得其反的作用。教师的个性也会影响他们对教学方法的使用。例如，有的教师擅长生动的语言表述，可以把问题的事实和现象描绘得形象、具体，由浅入深地讲清道理；有的教师则善于运用直面的内容，也包括发展认知技能、认知策略方面的内容，还包括培养态度方面的内容。因此，为了选择最佳教学方法，教师必须懂得有关目标分类的知识，能够把总的、较为抽象的教学目标、教学任务分解为具体的、可操作的教学目标，并根据这些目标来确定用何种教学方法进行教学。

（5）客观条件。有些学校教学设备充足、实验室宽敞，则可以选用学生一人一套器材做分组实验的教学方法；有的学校设备不足，就应该采用几人一套仪器的教学方法；有的学校有多媒体，并且每个教室都能够上网，则可以实现信息技术与物理教学的整合。如果没有多媒体设备，就要采用传统的投影仪等教学手段。

（三）教学方法的运用

选择了适当的教学方法，还要能够在教学实践中正确地运用。为了在物理教学实践中正确运用教学方法，需要做到以下几点：

（1）要娴熟、正确地运用各种基本方法，发挥最佳功能。掌握基本方法是对每位教师的基本要求，只有掌握了这些最基本的教学方法，才有可能掌握新的、更复杂的方法，才有可能创造出新的教学方法。基本的教学方法都具有相对的稳定性，即每一种教学方法都是由教师活动的方式和学生活动的方式及信息反馈系统构成的，要发挥其功能有其自身固有的、相对稳定的结构。每一种方法的使用模式则是多种多样的，是随着教师、学生和教学条件的变化而变化的。教学方法功能的发挥决定于学的方式和教的方式是否协调一致。就一种方法而言，应选择与教学目的、教学内容、学生的特点和教师本身的特点最符合的模式，尽可能获得较满意的效果。

（2）善于综合运用教学方法。在教学过程中，学生知识的获得、能力的培养，不可能只依靠一种教学方法，必须把各种教学方法合理地结合起来。为了更好地完成教学任务，教师在运用教学方法时要树立整体的观点，注意各种教学方法之间的有机配合，充分发挥教学方法体系的整体性功能。

（3）坚持以启发式教学为指导思想。教学中的具体方法是很多的，但都必须坚持以启发式教学为总的指导思想。启发式是指教师从学生实际出发，采取多种有效的形式去调动学生学习的积极性、主动性和独立性，引导学生通过自己的智力活动去掌握知识、发展认识能力。

第四章 物理教育中物理文化的建设

"科学逐渐超出自身的范围，成为具有普适性的文化因素。"物理学作为科学中举足轻重的成员之一，同样具有普适性的文化因素。

物理文化的存在，表现在以下四个方面：

一是从事与物理科学密切相关活动的社会群体及其活动。

二是以物理学的专业语言、符号所记录和表达的物理科学理论体系。这是人类认识物理世界的劳动与智慧的结晶，是物理文化的知识形态。

三是以物质形式存在的物理科研仪器设备，以及以物理原理为核心的技术所创造的生产和生活工具。

四是以观念形态存在的物理科学品质。

物理学的文化内涵包括它的思想性、连续性、传承性的丰富内容。从文化的特殊视角来看，物理教育是实现物理文化传递的基本工具。文化是在人与人之间进行传承的，老一代人创造的文化成果终将成为文化遗产以及通过文化传承被新一代有选择地接受。物理教育既能传承，又能促使物理学的发展。物理教师借助于教材，既能系统地向学生讲述物理知识，介绍物理方法和历史，又能让学生操作仪器、观察现象、进行测试分析，让他们从实践中学习物理，接受物理文化的熏陶。这些都隶属于有形的载体。而物理学表示的机械观、时空观、因果观、对称性、和谐型、永恒性及绝对与相对、无序与有序的文化思想虽是无形的，却清楚地凸显了其丰富的文化内涵。但是，随着科学技术的进步和发展，物理学作为一门迅速发展起来的学科，它形成了自己的分类范畴、研究方法、思维特性等一整套完整的科学体系，并且还不断地向深度、广度进军。尽管近年来科学发展的相互渗透、交叉加剧，物理学的边界变得模糊不清了，但它还仍然有其鲜明的文化特征，而区别于其他人文科学、人文文化，尤其是思维方式上更与它们大相径庭，形成了两种思维方式和文化——科学文化和人文文化。

第一节 物理教育与物理文化建设的重要性

科学是追求真的，追求真的物理学大师是关心人类的、是有丰富的文化修养的，他们的心灵是美好的。通过向广大年轻学生展示这种真与美，使这种真与美在他们的精神世界相互作用、相互补充，在他们身上达到浑然一体的效果。这将是物理文化力求接近的终极目标，也应是所有积极的、教育的终极目标。

一、物理文化与物理教育

（一）物理文化与物理教育的关系

物理教育是传播、继承和发展物理文化的重要载体，这使它本身也成了物理文化的一部分。从此意义上讲，物理教育活动也属于文化范畴的活动。于是，物理教育就自然而然地承担起文化的功能。从教育角度讲，物理教育具有科学教育和人文教育的双重功能。物理教育是实现物理文化延续和促进人的发展的基本工具。

物理教育的基本任务之一是传递物理文化，以保证文化的连续性。物理文化的传递主要是通过物理教师来完成的，物理教师借助教材系统地向学生讲述物理知识，介绍物理方法和历史；物理教师通过实验设备创设物理环境，让学生操作仪器、观察现象、测试数据、分析数据，从实践中学习物理，接受物理文化的熏陶，培养系统理解和掌握物理文化的精髓和物理文化的载体，保证物理文化得以延续和发展。

（二）大学物理教育中物理文化建设的可能性

许多人为中国春秋战国时期及西方古希腊时期的灿烂文明所折服，为那有无数颗巨星交相辉映的古老天空而陶醉。可以看到，在人类历史上，20 世纪同样具有一批人类精英——物理学家，他们所创造的物理文化将同样会被我们和未来的人们由衷敬仰。

物理文化概念表明，物理科学不但具有科学技术特征，而且具有深刻的人文特征。物理教育可以在科学理论教育和人文理念教育两方面发挥作用。其一，考虑社会发展对科学技术的需求，物理教育过程中可以尽可能多地使受教育者获得系统的物理知识，获得物理概念，理解物理规律，学习物理方法，发展物理能力，形成物理思想。其二，物理教育可以把人文理念教育贯穿其中，并把它放在一个重要的位置上。其三，当物理教育面对一个从事与物理知识和物理技能联系不大的工作的群体时，可以加强科学普及，突出物理文化的人文理念教育功能。因此，任何一个参与现代化生活的公民，都能够通过物理学习了解科学，以正确的科学价值观参与社会决策。

（三）大学物理教育中物理文化建设的必要性

物理文化学习可以训练人的大脑、净化人的心灵，使学习者成为具有现代理性思维和科学方法基础的有用人才。要全面地认识物理教育，不能仅把物理教育看作传授物理知识的过程，只强调物理学的工具价值，即理论与实践的应用，而忽视它对人的塑造，即对学生探索精神和求实的价值观，以及科学审美的培养。物理教育要突出文化的特征，就是说不能把物理学仅仅看作由概念、公式、数学推导构成的死的知识，要把它看作有血有肉的活的文化。学习和了解物理文化有助于公正而全面地认识物理及整个科学，有助于形成正确的、科学的人生观与世界观；对物理文化有了比较明确的认识之后，在学习物理学的过程中就能够有意识地培养自己的物理文化，培养科学精神。这一点十分重要，正如有学者所指出的："相比于西方近代文化，中国传统文化最大的遗憾就是科学精神的匮缺。"

高等院校进行物理文化建设，不仅能够增加学生的物理文化修养、提高学生的科学文化素质、培养学生科学的思维方式和求真务实的工作作风，同时也能够转变物理学的教学概念，重树物理学在高等院校学科中的基础地位。因此，在大学物理教育中进行物理文化建设是从长远的、可持续发展的角度来定位的，其实施的必要性不言而喻。

二、物理文化的教育功能

总的来说，我们可以从科学理念和人文理念两个维度来认识物理文化的教育功能。

1. 物理文化的科学理念教育功能

使受教育者得到科学认知的培养；使受教育者得到智慧的启迪；对受教育者进行物理思想的教育；提供智慧与思辨的享受。

2. 物理文化的人文理念教育功能

对受教育者世界观的培养；对受教育者精神面貌的培养；使受教育者树立正确的科学价值观；对受教育者科学审美情趣的培养。

三、大学物理教育中物理文化建设的理论基础

（一）人本主义理论

人本主义心理学是 20 世纪 50 年代末 60 年代初兴起于美国的一个心理学学派。他们认为，学习的目的和结果是使学生成为一个完善的人、一个充分起作用的人，即使学生整体的人格得到发展。罗杰斯将学习分为无意义学习和意义学习两类。其中意义学习是指一种使个体行为、态度、个性及在未来选择行动方针时发生重大变化的学习，让实际学习者成为完整的人。这种学习不仅是一种增长知识的学习，而且是一种与每个人各部分经验都融合在一起的，使个体全身心投入学习。

人本主义心理学家认为，意义学习主要包括四个要素：第一，学习具有个人参与的性质，即学习者整个人（包括情感和认知两个方面）都投入学习活动；第二，学习是自我发起的，即便是推动力或刺激都来自外界，也要求发现、获得、掌握和领会的感觉都是来自内部的；第三，学习是渗透性的，即它会使学生的行为、态度，乃至个性都发生变化；第四，学习是由学生自我评价的，因为学生最清楚这种学习是否满足了自己的需要，是否有助于弄清他们想知道的东西、明了自己原来不清楚的某些方面。

罗杰斯的教育思想是要培养"躯体、心智、情感、精神、心力融为一体"的人，他说："只有学会如何学习和学会如何适应变化的人，只有意识到没有任何可靠的知识、唯有寻求知识的过程才是可靠的人、有教养的人。现代世界中，变化是唯一可以作为确立教育目标的意见。这种变化取决于过程而不是取决于静止的知识。"人本主义强调学习是人格的发展，是使学习者成为一个具有适应变化能力的、具有内在自由特性的人，这就使学校教育目标发生了根本性转变，对只注重学科知识教学的传统教育目标提出了挑战。

（二）建构主义理论

论建构主义，首先应该提到皮亚杰，他主张在科学领域与具有辩证性质的构造论有着紧密的联系。在结构领域中，构造过程在同种肯定结合起来时产生了否定，接着又找出它们之间的协调一致而产生共同的"矛盾解决"办法，这个模式相当于一个历史程序，且这个程序不断重复着。在逻辑领域，物理科学的范围内，都依这个不是循环形的"螺线形"圈进行着。

社会建构主义理论中最有影响力的人物是列夫·维果斯基。他更多地强调并解释了社会文化情境如何影响公众对事物事件的理解。在他看来，现实不是客观的，而知识则是个体之间通过诸如图片、课文、谈话及手势等文化产品相互作用时切实共建并分享的。教师作为学生建构知识的合作者，应引发适应学生的观念、参与学生开放性的研究，引导学生掌握真正的研究方法和步骤。一句话，参与学生对现实的建构。与此相对应地，学习活动则在于产生"情境性"的文化的理解，与教师和同伴一道积极参与开放性的探究，并对共同建构的意义进行反思，即在物质和社会活动中创造现实。这种由学生自己在头脑中建构的图式，一般肯定要比教师的讲述好得多。对物理学中物理文化的思考，也正是一种对现实的研究与思考。

布鲁纳提出了自己的建构主义，其中强调使学生参与知识的建构和结构的学习过程，注重掌握知识的整体及事物之间的普遍联系，而不是让学生去学习和掌握零碎的知识经验；注重激发学生学习的内在动机，使学生对所学材料产生兴趣，从而能积极主动地从事探索和发现学习。

第二节　大学物理教育中文化建设的实施策略

一、物理学中所蕴含的物理文化

（一）从哲学的角度认识物理学

20 世纪初期，在哲学的国度——德国，有人抱怨再没有了黑格尔、谢林这样的哲学大师。而有的学者，明确地对这种说法予以反驳："人民今天抱怨说，我们的时代再也没有哲学家，这是不对的。只不过他们现在在别的系，他们就是普朗克和爱因斯坦。"列宁也曾说："自然科学无论如何离不了哲学结论。"

物理学在以前称为物理哲学。物理学涉及自然的某些方面，它们可以通过一种基本的途径，即依据一些基本原理和基本定律来加以解释。随着时间的推移，不同的特殊学科中，物理学保持着它的本来面目：理解自然界的结构和解释自然现象。从名称可以看出哲学在物理学中的分量，在理解这些自然界的结构和解释自然现象的过程中，就蕴含着丰富的哲学思想。

任何一个在自己的专业工作中有所深入的物理学家必定面对哲学，尽管他可能没有意识到这一点。科学即使可以为我们提供教育目的和手段所依据的许多事实细节，但它还是不能替我们做出决定。这些判断必须在我们亲自接受的那种哲学的框架中做出。黑格尔因为孔夫子不究自然观而否认他是哲学家那已是老话，一个现代科学家如果不懂科学甚至对科学知之甚少，至少他做不了一个合格的科学哲学家。同样的道理，对物理哲学知之甚少的人很难理解深层次的物理文化，当然也不可能成为优秀的物理学家或物理哲学家。

（二）从历史学的角度认识物理学

库恩说："科学哲学没有科学史是空洞的。"我们则要说："物理文化脱离物理学史是没有生命力的。"厚宇德认为，如果说学习物理主要是为了获得物理知识、研究物理主要是为了寻求未知的物理知识，那么物理学史的教学就应该以提高人的境界为主要目的。

通过物理学史的教学来传输物理文化，对培养理科学生的人文精神来说是一种很好的途径。如果仅仅向理科学生讲授一些所谓的人文课程，学生自己必须经历将人文知识与科学知识再融会贯通的过程，才能使之成为其素质的有机部分。而物理学史可直接传授物理学大师亲身经历的这种转变过程的体会与结果，通过榜样的作用，可以少走弯路。

另外，以史为线索向文科学生介绍物理知识、物理文化无疑比其他任何简单方式更加吸引人且更易达到目的。即使对那些以研究物理学为职业的物理学家，也应该有意识地加强自己在历史、文化方面的修养，正如萨顿所说："正因为科学家是一位科学家，正因为他的研究具有革命的可能性，科学家应该更努力去了解过去，也就是去了解我所定义的科学史和文明史。"

只有结合人类文化发展的历史、科学思想和物理思想发展的历史进行物理教育，才能了解物理科学的成长与整个科学及社会发展相伴相随的关系。只有把物理文化放在人类文化和思想的历史背景当中，才能真正理解其文化的内涵，譬如研究方法、研究背景、科学精神、创新能力、怀疑精神、爱国情操等。

（三）从社会学的角度认识物理学

自然科学是人类文明的一部分，是文明与社会进步的催化剂。科学与文明是分不开的，自然科学与社会科学也是相通的。在过去的数百年里，物理学对文明和社会进步起着举足轻重的作用。

1956 年 1 月，英国首相艾登在布莱德福所做的一次演说中明确地表明了这种观点。他说："胜利不属于人口最多的国家，而属于拥有最佳教育制度的国家。科学和技术使十几名当代人拥有了 50 年前数千人才拥有的力量。我们的科学家正在进行卓越的工作，但如果要充分利用我们所掌握的知识，我们就需要培养更多的科学家、工程师和技术员。我们决心要补偿这种缺陷。"综观西方社会近代数百年来的迅速发展，在很大程度上确实得益于这种科学技术教育。

但是进入 20 世纪以来，人类的物质生活水平得到了较大的提高，这和科学技术的提高、社会经济的迅速发展是密不可分的。或许也正是由于人们看到了科学技术的巨大力量，因而相对忽略了对人文教育和人文精神的弘扬，导致了科学精神与人文精神的失衡。例如，现代社会已普遍感受到大气变暖的严重威胁，而造成这种现象的原因就是人们没能理智地运用科技，没有用一种终极关怀的人文精神来约束和规范。因此，我们的教育千万不要再走西方教育的老路，为了经济发展而拼命单向度地进行科技教育，等到发现问题时，再回过头来进行人文教育的补救，由此而付出的代价是相当惨重的。

托·亨·郝胥黎在 1868 年出版的《科学与教育》一书中，"极力宣扬科学教育对增进心智陶冶和个人实际生活的价值"，他说"在自然规律方面的智力训练……不仅包括了各种事物以及它们的力量，而且包括了人类以及他们的各个方面，还包括了把感情和意志转化成与那些规律协调一致的真诚热爱的愿望"。可见，从现实情况来看，目前困扰我们的许多社会和经济问题，比如人才流失、校园暴力、学术腐败、缺乏创新等，从根本上说，也都和我们缺乏自己的通识教育，没有把"培养什么样的人"的问题放在第一位有很大关系。

（四）从美学的角度认识物理学

李政道认为，科学和艺术是分不开的，就像一枚硬币的两面。它们共同的基础是人类的创造力，它们追求的目标都是真理的普遍性。科学和艺术是可以交融的，科学有如高山，艺术有如流水；科学有如严父，艺术有如慈母，二者是相通的。审美思想事实上已经成了当代物理学的驱动力，物理学家甚至认为，大自然在最基础的水平上是按物理美设计的。

物理学研究物质世界最基本、最普遍的运动规律，物理学研究"物"之理。物理学具有彻底的唯物主义精神，坚持"实践是检验真理的唯一标准"的原则，坚持"实事求是"的科学态度，物理学是"求真"的，物理学致力于把人类从自然界中解放出来，导向自由，使人类生活更加便利、安适。物理学规律在各自适用的范围内有其普遍的适用性、统一性和简单性。表达物理规律的语言是数学，而且往往是比较简单的数学。这些都说明物理学本身就是一种深刻的微妙的美。杨振宁在一次演讲中说："自然界现象的结构是非常完美的、非常之妙的，而物理学这些年的研究使我们对这种美有了更深的认识。物理学的美是由表层到深层的灵魂美、宗教美直至达到最终极的美……发现科学美就能攀高峰。"

任何一个对物理学有较深层次把握的人，都能实实在在感受到物理美的存在，并为之陶醉。物理美不仅能给予感受到它的人以愉悦的情感，而且物理学家的工作表明，有时候，如果沿本能提供通向美的途径还会获得深刻的真理。狄拉克受惠于此而提出了反物质的存在。究其原因则如黑格尔所说："理解力总是困在有限的、片面的、不真实的事物里。美本身却是无限的、自由的。"

"如果大自然不美，它就不值得了解。"从来源上看，物理美是自然美在认识领域的一种折射，但物理美和自然美毕竟存在于不同层次，二者之间存在较为明显的界限。自然美一般来说是直观而有目共睹的，但物理美只有少数人可领略，不同人的体会亦不相同。不知者不如知之者，"知之者不如好之者，好之者不如乐之者"。在某种意义上讲，任何能令人感兴趣的、值得欣赏的东西都蕴含着美。但人们对物理学尤其理论物理学的兴趣爱好的产生需要一定过程，只有承受住困难的磨练，经历一定的认知同化向一定的情感同化的过渡，兴趣才能产生，美感才会出现。有些人由于种种影响在未系统学习物理学之前即可能对物理学产生强烈的兴趣，但由于种种困难的阻碍，有一些人在学习过程中会使这些兴趣烟消云散，从而失去真正体会物理美的机会。

科学的力量可以说一定程度上取决于物理学，从这个角度来看，物理美亦在于它的真而适用、客观而有效力。正如苏格拉底的断言："凡是我们用的东西，如果被认为是美的和善的，那就都是从同一观点——它们的功用去看的。"爱因斯坦称赞玻尔的电子壳层模型为"思想领域中最高的音乐神韵"。从直观形象上理解，玻尔的原子模型无非认为电子在一些以原子核为球心的特定同心球上绕核旋转。简化到二维平面上同心球即成为同心圆。用简单的方法即可画出任意半径的同心圆，但我们对这些同心圆不会像对玻尔的壳层模型那样惊讶，更不会认为它们很美、很有神韵。玻尔的模型之美在于它实用，能化模糊杂乱为清晰，使人们摆脱纷繁的头绪和茫然。

物理学审美重要的经验是，一种最优美的理论总是有一种最简单的形式。自然界是无限的，随之，理论的发展是无限的：从静态到动态，从平衡态到非平衡，从封闭到开放，从线性到非线性，从有序到混沌……知识在爆炸，而且永远没有最终的结局。追求理论的逻辑简单是所有物理学家的共同目标，如果他们认为有一点还不妥善、不够简洁，他们就会觉得还有事可做。爱因斯坦说自己是一个"到数学的简单性中去寻找真理的唯一可靠源泉的人"。对称、有序和守恒是物理美的重要表现形式，本质上不能将这些表现归于直观的形象美，但恰恰相反，有人强调的正是这一点，如狄拉克认为"使一个方程具有美感，比使它去符合实验更重要"。

（五）从方法论的角度认识物理学

现代社会使人进入一个别无选择的选择链条中，人每时每刻都在选择自己、选择环境、选择社会，那有形的选择结果恰恰是受无形的思想方式、思维方法所制约的。难怪有人说，在现代社会，人生实际上就是一种态度。言下之意，人生的差异并不在于人的天赋与运气真的有那么大的差别，其差别主要是源于人对它不同的态度。正是在这个意义上，科学思维方式、思想方法的培养已经成为现代教育最基本并重要的使命。或者说，教育要从过去强调给现成的结论，转向强调给人以批判的武器，而最重要的武器就是科学的思维方法、思想方式。

"科学家的首要任务是真实地体验所存在的事物。"人们常说"知识就是力量"，但在物理学的学习过程中，若仅传授知识，而不落实、凸显思想方法论，在课程讲授中就成了"课程搬家"，使得听课者或是"听之兴叹"，在羡慕科学家伟大之余，并未得到更进一步的收获；或是听了那些尚未搞懂的理论，仍是不得其要领，失去了学习的激情。为此，我们认为，要把学习物理学知识和学习物理学方法论结合起来，并突出思想方法论的重要性。

常见的物理研究方法有分析与综合，比较与分类，抽象与概括，科学推理，物理学史上的悖论方法，模型建立的简化、纯化，等等。

例如，对称性的研究方法：利用对称性，能够有效地减少运算方程中的独立变量数，简化变量之间的函数关系，从而使求解过程变得简单易行。事实上，麦克斯韦电磁场方程、薛定谔波动方程及爱因斯坦引力场方程，都只是在一些特定的对称性条件下才给出严格解。抓住了对称性，往往就抓住了物理问题的要害、抓住了物理现象的主要因素，因此，人们常常尽可能地利用对称性来建立物理模型。例如，通常假定太阳在周围建立的引力场、原子核在周围建立的静电场是球对称性的，正是出于这种考虑而忽略了它们自身的旋转、电量或质量分布的不对称等次要因素。可以这样说，定律的形式既反映了认识的水平，也影响了它的使用价值，由于表达形式的改进，有力地推动了理论的发展。

人们认识到物理学是一套获得、组织、运用和探求真实的有效方法很有意义。这样的认识无论对学习物理的人还是教授物理的人都应上升为一条思想上的指导学习工作的原则。一旦物理学方法论思想不再是设想，而真真实实深入人们灵魂深处，那么学习物理的人就不会再满足于背点概念公式或做几道题，而是更注重在一定的基础上对物理思想和物理方法的领悟，并能在诸多领域得以应用，指导自己的生活、学习和工作。当然，物理方法不是空谈即能掌握的，它只能形成于良好的物理专业素质之上，这就要求广大物理教师必须致力于履行素质教育。良好的物理专业素质主要体现在清晰、全面、准确的物理思想、扎实的数学应用能力和较好的实验能力几个方面。

二、大学物理教育中诸多因素的考察

（一）大学物理教材融合物理文化的情况分析

在任何教学系统或任何教学材料系统内，教科书发挥了某些独特的作用。把教科书视为信息库，这是从最没有价值和最无用的角度来看待教科书的。任何书面记录都不可能完全是现时的和最新的。教科书的最终目标是通过提供进一步学习所需要的基本事实、概念和概括性论断，使学生按自己的进度渐进。一是描述学科内的种种探究方法，二是向学生提供一条检查和重组其知识的途径。

虽然教材只能间接影响人的行为能力，但在教学过程中它却直接影响着学生思维能力的发展。思维能力的评价通常可以用以下五个指标：深刻性、灵活性、独创性、批判性、敏捷性，而这些指标的实现，仅以物理知识的传授是难以成功的，因此，大学物理教材作为物理教育系统中的一个子系统，对它进行思维能力考查的基本指标就是教材中物理文化建设的程度大小，以及它在形成学生的辩证唯物主义世界观和促进学生能力发展过程中所起作用的可能性。

现有大学物理教材以普通物理为考察对象，可以看出物理专业的教材往往以物理知识的解释为主，反倒是文科物理中物理文化的渗透相对较多，这不能不说是种缺憾。

（二）大学物理教学评价体系分析

《大学有问题》的作者熊丙奇毫不留情地指出，连幼儿园都已经为高考做准备了，数、语、外三门，变着法子在考。反而到了大学，此种教育成了惯性，学生依旧为分数而劳累、为证书而奔波，教师口干舌燥地讲，学生不停地记，考试前拼命地背，毕业后无情地卖笔记。实践证明，这种教学方法不利于教学双方的心理交流，教师不知道学生是否真正理解了知识，以及对哪些知识更感兴趣。知识的基本结构和体系已由教师系统地安排好了，学生无须积极思维，只需机械地记住一些必要的知识。于是，课堂笔记便成了学生通过考试最好的武器。现在很多本科以考研作为导向，而这种考试又恰恰是以知识型考查为主要特征，而且全国统考是大趋势，基本靠笔试录取，直到这几年个别高校才开始注重面试，但所占成绩比重依旧不高。

其实对大学生而言，完全有资源做能力性培养，而现今，公务员录用的"行政职业能力测验"（AAT）可谓能力型考试的典范。AAT包括言语理解、数量关系、判断推理、常识判断和资料分析5个部分，主要通过言语、数量、常识、图表等不同方式考查应试者的推理能力。在这个考试上，很多人考完普遍感觉偏难，可见，高等教育的整体素质培养并没有达标。究其原因，最主要的还在于教学评价的方式单一，很大比例上取决于由老师的理论讲义所抽取组成的试卷的分数，学生自然就会朝这个方向努力，无形中会失去更多、更宝贵能力的锻炼。

三、大学物理教育中物理文化建设的策略研究

大学教育内容、模式、方法和手段创新是大学教育创新的根本。只有依据新时代的新要求，大力改革落后的教育内容、模式和手段，才能培养出符合时代要求的高素质的社会主义高级专门人才。

（一）调整大学物理课程设置

课程内容要体现科学精神与人文素养的统一。我们过去的教育偏重于发展科学技术，而忽略了科学精神的培养。科学技术只是一种物质生活的手段，而科学精神是一种尊重科学、追求真理的人类精神，是一种怀疑的、不盲从的、实事求是的精神。它和人文素养是相辅相成、融为一体的。在当今时代，科学技术的发展达到了前所未有的高度，但是人类的社会问题也同样达到了前所未有的高度，这就是单向度地发展科学技术造成的恶果，而不能归咎于科学精神。要解决这些问题，必须实现科学精神和人文素养的结合。在课程内容上，应该充分体现二者的统一，让学生在追求科学真理的同时，成为关心他人、关心社会、关心人类发展和自然环境的有人文素养的科学人才。

课程分类上，在综合性大学中，课程应分为必修课和选修课两个层次，必修课满足最基本的社会普遍需要，选修课满足不同出路的学生的特殊需要。除开设必修物理课外，还应根据学生的不同志向和出路开设两种选修物理课程：一是基础物理，为将来进一步在理工方向深造的学生打好坚实的基础，使他们较为深刻地掌握比较丰富的物理知识和物理学的研究方法，具体可开设两年；二是应用物理，为将来从事技术工作的学生接受专门训练打好必要的基础，使他们了解较多的物理知识的应用，懂得在实际问题中运用物理知识的方法，可开设一年。

考虑社会对物理知识的需求属于定性了解的多、属于定量掌握的少，而现行物理教材则知识面偏窄、定量讨论偏多偏深。特别是师范类院校，学生未来的职业多是中学教师，物理必修课更宜适当拓展内容的广度，适当降低定量讨论和计算的要求，对物理知识的讲述应强调研究和运用物理知识的方法，以开阔学生的眼界，培养能力。至于应用物理的开设，则应重在物理应用中的物理学原理掌握、物理学对现实生活的影响以及时刻关注最新的物理实验新产品动态等。

（二）大学物理教材编写的改进

20 世纪五十年代末，由美国心理学家布鲁纳倡导的"教材结构化"运动，揭开了 20 世纪末教材现代化的序幕，"结构化"也成了现代教材编制的主要原则之一。但是，目前国内的教材现状却表明，"结构化"正在变成"精练化"的代名词；"教材现代化"也正在蜕化为"教学内容更新"的代名词。

为培养健全的人格，拓展与完善学生的知识结构，造就更多有创新潜能的复合型人才，目前我国许多大学都在调整课程，推行学分制改革，改变本科教学以往比较单纯的专业培养模式。多数大学都已规定和设计了选修课的内容和学分比例，要求学生在完成本专业课程之外，选修一定比例的外专业课程，包括全校选修课。可普遍的问题是，很少有真正适合选修课教学的教材，有时只好用专业课教材代替，影响了教学效果。因此，编写教材要使物理教材有相对独立的物理学专业性，但又不是传统专业课的压缩或简化。这种教材既适合自学，同时又能满足大学选修课教学的需要。

对于物理专业的学生，物理教材应比现行教材在广度上明显增加。教材内容要兼顾智力与非智力因素。21 世纪需要的是富有创新精神的人才，而创新精神并不是智力因素，它恰恰就是非智力因素。在现代和未来的社会中，不仅需要人们具有较高的智力因素，能够掌握现代化的信息和技术，更重要的是具备奋发进取的创新精神、执着坚定的理想信念、绝处逢生的探究勇气、面对挫折的冷静思考等非智力因素。在课程内容的安排上，要兼顾这两种因素，让学生在掌握基本原理的情况下，学会结合社会实际自己提出问题、解决问题，在无数次的学习、失败、探索、成功的教育过程中，理解人生的真谛，把握自己的命运。而要编写这种普适性的教材最好的处理方法就是通过物理文化来体现。

（三）对大学物理教师提出新要求

1.教育观念的改变

北京某所大学在调查北京大学生心理状况时，惊异地发现大学生的创造力随着年级的升高而下降。研究者调查了北京的 23 所大学的 6000 名学生，就创造力一项所得出的具体数据是：一年级 85.54%，二年级 84.68%，三年级 84.15%，四年级 83.85%。

由此可见，在四年的大学生活中，大学时代创造力整体上下降了 1.69%。尽管下降幅度不大，但毕竟是下降了。

诸如此类的研究还有很多，一个基本的看法是，我们的教育多年来一直关注学生的学习成绩，而较少关注学生能力的培养。

可见，教师的教育观念可以指引学生的努力方向。我们的教师应转变教育观念，指导学生以所学内容为原点，进行思维的拓展，力求对事物有更深、更新的认识，以锻炼学生思维、塑造学生的人格为将来进行学术研究和创造发明奠定思想和人格的基础为教育的终极目标做准备。

2. 教学方法的改进

在 19 世纪，知识更新周期为 30 年，20 世纪中叶缩短为 15 年，近年来又缩短为 10 年，有些学科甚至只有 3~5 年。在知识量激增、不断更新的当今时代，即使最善于讲授的教师也难以把某一学科的知识在几十个课时里讲述完。如果仅仅从数量上来考虑教学，大学教育中学生的主体性根本无从谈起。要解决这些问题，最重要的还是教学方法的改进。在教学上多数教师愿意满堂灌，而不善于师生切磋，只注意向学生提问，不喜欢学生的发问。两千多年以前的孔子已认识到"不愤不启，不悱不发"的道理，古今中外很多优秀教师的课堂教学绝大多数也是经常使用启发式、讨论式教学的。物理教师要在教学中创造一种"活"的物理文化环境，这种环境充满探索、发现、创新，充满好奇心。

在教师和同学的启发下及热烈的学术讨论中，会闪现出许多思想的火花和灵感，坚持不懈地进行研究和学习，很可能从中有重大的科学发现。无数历史事实早已证明了这一点。在大学教学中，许多专业课程甚至可以把实际的科研问题交给学生解答，使学生真正掌握实际运用知识的能力，真正体会知识所具有的社会价值和对个人发展所具有的潜在价值。毋庸讳言，这样的教育才称得上真正的能力教育，这样培养出来的学生才是具有多方面能力的人才。

3. 物理文化素养的培养与提升

在联合国教科文组织的报告中指出，"教师的工作并非只是传授信息，甚至也不是传授知识，而是以陈述问题的方式介绍这些知识，把它们置于某种条件中，并把各种问题置于其未来情景中，使学生能在其答案和更广泛的问题之间建立一种联系。师生关系旨在本着尊重学生自主性的原则，使他们的人格得到充分发展"。显然，教育能否实现以人为本，关键在于教师。

当然，这就要求教师不仅要对本学科的知识具备深厚的功底、对所教的课程具有透彻的了解、自己对物理学中所蕴含的物理文化有独到的见解，而且要对与物理学领域相关的其他学科的发展及其现代应用都应具备广泛的了解，还要有良好的口才和灵活多样的教学方法。最重要的是教师自身要能够融会贯通地运用物理知识来解决现实问题和科研问题，给学生起示范作用。罗杰斯曾明确指出，衡量一个教师优秀与否的标准是"看他（她）有多大的创造性以促进学习，以保持或激发学生对学习的热爱"，这实际上对教师提出了更高的要求。

（四）教学评价的科学化

1.注重学生的自我评价

人是源于动物却又高于动物的"万物之灵"。既然人是能够思考、能运用符号、能进行价值判断、有超越客观环境的主观倾向、有自己的精神生活和善恶观念的生灵，那么，当人的心智成熟到一定程度时，就会在人际关系的社会生活中发展起"自我概念"。所谓"自我概念"，是指一个人长期形成的对自己的知觉和态度，是构成一个人的人格的重要方面。罗杰斯非常强调学生的自我评价在个人成长中的作用。在他看来，如果学生把自我评价看作主要的，而把别人的评价看作次要的，那么，这个学生的独立性、创造性和自信心就会增强，他的独立人格和独特个性就会很快表现出来。因此要鼓励学生多进行自我评价：自我感觉在物理学中究竟学到了什么。

2.采用发展性学习评价，科学与人文并重

发展性学习评价就是根据一定的发展性目标，运用发展性的评价技术和方法，对学生的学习和素质发展的进程进行评价解释，使学生在发展性学习评价活动中，不断地认识自我、发展自我、完善自我，使之内化为学生的内在素质，真正地发挥能力、发展自我，全方位提升自身素质。罗杰斯认为，教学思想应遵循如下基本原则：教师着重关注学生的学习过程而不是教学内容，对学生学习进行评价的标准是学生在"学会学习"上取得了多大进步。因此，教师可以在物理课堂教学中，采用发展性学习评价模式，激发学生的学习兴趣，并用延时评价培养学生创新意识、合作精神和自主意识。在物理考试评价中采用发展性学习评价，在书面试卷中引入开放性试题，考查学生对物理学中物理文化的理解能力和运用物理学方法论解决问题的创新能力。

照本宣科地进行理论推导、知识讲解对教师是最容易的，而死记硬背应付考试对学生来说也是最容易的。这是最简单的缺乏技术含量的教学方法，因此，我们的评价方式要多样化，力求全面地反映学生的实际学习能力和特点，而不仅仅是知识。

3.物理文化环境的塑造

（1）开设讲座。不定期地开设前沿科学、新技术、新产业进展的讲座，主讲人可以是有权威性的专业人士，也可以是本院校的教师，甚至可以是本院校自己的学生，把他们近期新的研究进展、新获取的信息来这里与他人共享，听众可以是任何对此感兴趣的人，与身份无关，与专业无关。

（2）穿插广播。每个高校都有校园广播，每天播放两次，一般为今日国家新闻和社会新闻，这无疑是一个很好的学习机会，在高校广播的支持下，撰稿有关物理文化的内容，例如科技新闻、物理学史资料，甚至可以模仿中央电视台的《艺术人生》栏目，来解读我们身边的优秀物理学工作者。

（3）开放实验室。"物理学是以实验为本的科学。"认识不到实验对物理学的重要性以及物理学对实验研究方法的依赖性，就是没有把握物理学的基本精神。物理学发展的基本原动力永远来自实验，因此，要鼓励学生动手实验，给其创造动手的条件，最好的办法就是开发实验室，学生可以自由挑选合适的时间、合适的助手去验证、研究一些思想。

（4）提供公共剪贴板。任何人都可以粘贴反映物理文化的任意内容，如《科学与艺术》的大型画册，也可以让学生自由创作漫画、贴图，抒写物理学习中的感悟。

（5）网络环境。可以设计网络课件，总体上划分为两个系统：学生子系统和教师子系统。学生系统是供学生登录访问的系统，学生可以在这个系统中进行课程学习、教师交流。教师系统是由管理员对网站管理时使用，也就是后台管理系统。采用 ASP 编程，网页的管理比较轻松，不需要专业的网络编辑人员也能通过可视化的界面对网页进行编辑，对论坛中的帖子进行管理。教师把最新的信息发布到网页上，学生可以由此了解关于物理学多个角度的问题、内容、要求和进展状况。学生可以在网上提问题，教师在网上回答问题。这样的网上讨论并解答问题的方式及时、随意，避免了面对面时师生交流的言语拘束，利于思维的大胆显露与拓展。

（6）培养博览群书的习惯，提供自由博学的环境。概括地说，国外的大学教学有下述特点：①在每一门课开始时，教师都要发一份教学提纲（syllabus），内容包括教学目的、教学内容、教学进度、教学要求、考试方式和参考书目等。②参考书多。教师给每一门课程指定很多参考书和参考文章。学校的图书馆里有大量可供参考的图书资料，学生下课后可以到图书馆去借阅。图书馆和书店往往事先都把有关资料准备好，学生可以自己复印，也可以买现成的复印资料。③作业多。每次课后，教师都要求学生读大量的参考文章，给出很多问题让学生思考，基本上每两星期（或至少每月）学生就要交一篇论文。

我们的教学虽然不能完全照搬国外的经验，但国外教学的某些做法是值得学习的，如在大学教育中，向学生提供最新的图书资料和容易获得最新信息的教学手段和设备，应该成为比教师向学生传授知识更为重要的教育内容。在这个意义上说，人才的培养重在教学生学会学习、学会研究、学会想象，养成博览群书的习惯。在这里，推荐一本杂志《科幻世界》，在这样的书籍中学生能感受到科技与人文的撞击，并仿佛置身于物理学的超快列车。

在四川联合大学副校长龙伟的谈话中看到一则有关《科幻世界》的小插曲：

杨振宁为《科幻世界》题词的情景：多家报刊请杨振宁题词，他从一堆报刊中首先挑选出《科幻世界》，欣喜异常："太好了，真是太好了，想不到四川还有这么好的杂志！"在各项活动排得满满的第一天，他竟抽空浏览了《科幻世界》，并欣然题词——

"幻想与梦想不同"。由此，他谈到人类的思维活动："……梦是无序的、无意识的，相当复杂。梦中有现实生活的再现，也有无中生有，也有潜意识；而幻想是有序的、有意识的思维活动。"如果幻想有了一定的科学依据，变更上一个台阶，成为科幻了。科幻，常常是创造发明的先导。幻想太重要了，可以说，没有幻想就没有人类的进步。幻想是创造性思维活动。创造性思维就是打破现状、破坏稳定的思维。唯有打破现状才能出新。早在 1986 年杨振宁就说过中国应大力发展科幻，认为"这是建设现代化国家的重要环节"。笔者认为，杨振宁是站在战略的高度来看待科幻和创造性思维活动的。

第三节　大学物理教育中物理文化建设的进一步思考

一、大学物理教育中物理文化建设的答疑

（一）关于物理文化建设的困惑

若进行深入调查，会发现无论是在什么是物理文化（what）、为什么要建设物理文化（why）以及怎样建设物理文化（how）等这些基本问题上，还是在从建设者的主观意图与接受者的响应及得出的效果等诸多方面，调查结果都相差很大。作为物理教育，不仅包括物理学的理论知识，也包括物理学的思想渊源以及它的传递、发展和继承。我们的期望是在物理教学过程中进行物理文化的建设，并能达到良好的教学效果，实现特定的教学目的。

然而在具体的教学过程中会面临一些问题：如流于一般层次上，教学容易蜕变成科普、讲故事；如追求深度，一定意义上教学又容易变为对在各专业学科（如力学、热学、光学、电磁学及"四大力学"）中若干知识的某种重复。而且，在物理专业的学生看来，物理文化课程与其他专业课程明显不同，如果他需要，他可以比较轻松地自学物理文化，尤其对高年级学生来说更是如此。那么，在物理教育的物理文化建设过程中，教师的作用应该是什么？物理文化的教学应如何定位、究竟应以什么为宗旨？更直接的问题是：物理文化的建设在课堂中应当实施到哪种程度？这是一个在实践中相当难以把握的尺度问题。

（二）大学物理教育中融入物理文化的原则

基于上述问题，我们要保持一个宗旨：物理文化的贯彻宣传应以物理学的教学为主线，两者进行完美的渗透与交融。具体可以遵循以下三个原则：

1. 科学性与人文性并重

有人形象地比喻说："我们是坐在 20 世纪的教室里，用 19 世纪的教学方法，为 21 世纪培养人才。"一个有关德智体全面发展的辩证关系认为：体力不支的人是废品，智力不足的人是次品，德育不好的人是危险品，可见，论对社会的影响性，德育的作用最显著。即便学校教出的是一个快乐的清洁工，也远比培养出一个精神不正常的学者要强得多。物理教育应该强调科学的人文化和人文的科学化。物理教育传播物理文化，不是表面上的科学、态度、道德教育，不是形式上的政治思想教育，而是与物理科学知识紧密联系的实实在在的人文理念教育。我们强调物理文化的建设，不仅要澄清人们对教育本来宗旨的混淆，还要纠正日益盛行的唯知主义取向，使教育真正体现科学与人文的并重。

2. 针对不同群体难度的把握，不能搞成科普

在大学里素质教育常常被误解为"专业 + 人文"，于是，在课程设置上增加了很多大拼盘式的教学内容，学生的专业特色渐失，成了博而不专的"万金油"。对于非物理专业的学生，现行教材已有不少物理文化的渗透，当然，这是使他们能快速、准确理解大学物理学的最佳途径，也接近于科普。

关键是对于物理专业的物理教育，传统教育理念深入人心，物理教育中物理文化建设会让一些人误认为专业教育蜕化成了科普。我们应明确这种教学方式的改进，是对传统物理教育的补充与完善，而不是替换；是为了让学生对物理学有更深入透彻的理解，用居高临下、纵横贯通的眼光来打量物理学，知己知彼才能百战不殆，同样用发展的、统领全局的思维来学习，才能至真至切，学到精髓，不至于一叶障目。

3. 形成一个开放的物理文化学习体系

如果人文素养不够，继续深入研究自然科学的知识就会受到限制，知识结构的不完善会给人一生的发展造成重大的负面影响。我们提倡学生综合素质的培养，需要一个人的生活阅历和心理成熟，就必须拓宽学生的知识和文化视野，这就要求教育努力保留住学生读书的兴趣，这样将来他才会对任何知识都乐于接近，才愿意更多地读书，才有可能激发一个人对某一专业领域的广泛而多角度的兴趣。这样，读书和丰富人的内心才能形成良性循环。

传播物理文化是必要的，但没必要只局限于课堂之上，教师最应该做的是给学生灌输对物理文化需要的理念，有了这种需要之后，引导学生自己去满足他的欲望。因为课堂时间是有限的，教师的精力也是有限的，只有引导学生充分利用各种传播媒体包括书籍、杂志、网络、讲座等，去体验物理文化，这样的物理文化建设才是成功的。只有"授之以渔"，而非"授之以鱼"，我们的教育才是活的，才会有无尽的生命力。因此，塑造一个开放的物理文化学习体系，是具有培养学生综合素质可持续发展能效的。

二、大学物理教育中物理文化建设的展望

（一）明天对物理教育的需要

用倪光炯老师的话说："在当今社会，每一个深思熟虑的人都会既有一种幸福感，又有一种危机感。"科技的发展使人们的物质生活空前地富裕起来，但竞争又使生活节奏变得太快；与此同时，地球上有限的能源及其他不可再生的资源以日益加快的节奏被耗用掉；在人类活动日益加剧的干预下，地球整体生态环境继续恶化。在与"原子能"这把"双刃剑"和平共处了 55 年之后，又一次产生了"拔剑四顾心茫然"感觉。危机集中在哪里？用物理术语来表示，就是"不平衡"，科学与人文的"不平衡"。

如果说 100 年前人们曾怀疑过科学是否会继续大发展的话，那么今天主要的担心则是科技能否被正确利用了，若利用不当，就好像泰坦尼克号高速行驶在夜幕下平静而冰冷的海洋上。人并非行为主义的机器或大白鼠，也不是认知科学下只会思维的计算机，而是一种知、情、意、行综合统一的、完整的自我存在，一种有自己独特人格和精神信念的超越的存在。物理教育作为一种培养人格、传播知识和塑造精神的人类活动，从来都应该把人格的全面发展、人对自己本质的全面占有、人的综合素质的全面提高作为教育的基本目标。

（二）对物理文化建设研究的反思

社会赋予教育的人才培养的使命是相当艰巨的，但正是因为它艰巨，才需要我们去研究、去探索。教育所研究和培养的是人，而人是有自己独特主体性的个体。我们相信在人的身上潜藏着无尽的能力资源，有待教育者去开发。我们提倡物理文化的建设，就是为了尽可能多地开发人的潜能，让教育者的辛勤劳动培育出时代最新、最美的花朵。

笔者相信，这项研究对于发展我国的大学教育理论和指导我们的教育实践是有积极意义的。因为其中所提出的许多观点不仅适用于西方发达国家，也适用于正在发生剧变的中国，或者至少会对我们的物理教育产生一定的影响。特别是作为师范院校的学生，未来的职业多为教师，因此这样的研究显得尤为重要。为了使明天的"他们"会有更加科学优质的教育，今天的"我们"就应该去探索、实施、否定，再探索、实施、再否定……唯有这样，我们的教育才能在曲折中进步、在螺旋中前行。

第五章　信息化技术与物理教学的融合

本章从教学现状和教师的实际需要出发,提供了教学实践中成功的教学模式及选择、使用教学软件的理论依据和策略,以帮助教师处理好软件因素、环境因素、学生因素、教师因素,帮助教师根据不同的教学条件和教学需求选择合适的教学软件,探求有效的多媒体计算机辅助物理教学的策略和途径,在现有基础上优化教学过程。

教学模式是在一定的教育思想和理论指导下,为完成特定的教学目的和内容而建立起来的教学结构和活动程序。发展与学科教学整合相适应的教学模式是实现"整合"的关键,合理地选择教学模式,可更好地发挥信息技术的优势,提高课堂教学效率。当前,学科教学整合教学模式的改革要实现两个目标:

(1)突破单一的教学模式,使信息技术真正成为学生自主使用的认知和探究手段,以及解决问题的工具。

(2)利用信息技术构建学生自主学习、探究学习的教学环境,提高学生自主获取、加工、整理和应用信息的能力。

按照教和学两个方面,信息技术与学科教学整合的教学模式可分为两类:以教师使用信息技术为主的演示型教学模式;以学生使用信息技术为主的自主学习型教学模式。后者又可分为在开放性学习环境中的自主探究学习模式和在网络环境下的自主学习模式。

第一节　以教师使用信息技术为主的演示型教学模式

以教师使用信息技术为主的演示型教学模式是在现有教学模式的基础上,把计算机作为新的教学媒体使用,主要用于课堂教学中的演示。教师为此花费的时间和所需的新技能相对较少,所需硬件较少,对软件的个性化要求不高,既能为全体学生的充分感知创造条件,也可以重新组织情景,突出事物的本质特征,促进学生形成稳定清晰的表象,为学生学习概念规律创造条件,促进学生对重、难点知识的理解。这种教学模式适合硬件配备不足的学校和计算机操作技能一般的教师选用,可以应用于目前中小学教学中最常见的新授课、复习课和习题课。

一、演示型教学模式简介

（一）计算机应用于新授课的教学模式

计算机应用于新授课主要有以下两种教学模式：

（1）"实验—模拟—强化"模式，就是在演示实验的基础上，用计算机模拟实验现象的物理过程，强化学生的表象，促进学生识别实验现象发生及变化的条件，然后进行抽象概括，形成概念规律或找出物理现象的共同特征。这种模式比演示实验后直接进行抽象概括的效果更好。这是因为相对于演示实验的发生，学生的观察具有滞后性和被动性，并且实验现象往往很快消失或者不清晰，容易造成大量学生观察困难，难以形成鲜明丰富的表象。利用计算机模拟实验可以有效地解决这一问题，优化学生的学习过程。例如，可以有多次演示实验和模拟实验，也可以利用计算机呈现问题情景、物理模型等作为补充。

（2）边教边实验的模式就是在学生实验的过程中，利用计算机指导学生实验，展示学生的实验结果，在学生实验的基础上，分析处理数据或者模拟实验过程，然后得出结论。一般适用于需要进行定量研究的概念规律课。

（二）计算机应用于习题课的教学模式

在习题课中，计算机主要用于展示问题情景，动态模拟问题情景中包含的物理过程及物理模型，帮助学生抓住问题的核心，厘清解题思路，可以大大提高习题教学的效率。

（三）计算机应用于复习课的模式

在复习课中可以利用计算机在短时间内重复出现彼此相关的物理现象、公式、图表、图线，以激活学生的记忆，对学生的物理认知结构进行"刷新"，然后提供典型的物理问题情景，分析解决问题，总结方法规律。

二、演示型教学模式的教学原则

（一）确定教学原则的理论基础——"经验之塔"理论简介

"经验之塔"理论是在第二次世界大战后发展起来的，其主旨是克服学校教育中由来已久的"形式主义"和"言语主义"，用各种媒体为学生提供丰富和合乎实际的感性经验。其主要内容可概括为三个方面：

1.学生学习知识是一个感性认识与理性认识相结合的过程

在学习某个抽象概念时，如果学生不具备实际的或图形的经验，那么词和公式对他们就可能缺乏现实意义。因为词语符号与学生所能做、能看的任何事情毫无相似之处，学生难以将词语符号与自己的经验联系起来。事物的本质和规律是通过多方面的大量的现象表现出来的，只有积累了十分丰富的和合乎实际的感性认识，才能进行科学的抽象，使感性认识上升为理性认识。"经验之塔"理论并不要求所有的学习都必须从直接经验开始，应根据特定的学习情景、学生的能力来选择合适的学习经验。如果学生对所学对象比较熟悉，就不必一定从具体的直接经验开始。

2. 各类学习经验的简述

根据学习经验的具体程度对各类媒体与方法进行系统分类，各类学习经验简述如下：

（1）直接的、有目的的经验。

塔的底部代表有目的的直接经验，它们奠定了人类学习的基础。在实践活动中，学习者用感官接触事物，接受事物的刺激，由此而形成的感觉印象就是认识的起点，这样的学习经验是最具体的。值得注意的是，强调获得直接经验本身不是目的，目的是帮助学习者更好地形成概念、进行科学的抽象。

（2）设计的经验。

所谓"设计的经验"，是一种经过编辑的现实。为了克服直接经验的局限性，学习者需要通过人为设计的各类模型和模拟器学习。例如，通过建立物理模型，可以帮助学习者抓住对象的本质特征，更好地形成概念。

（3）参加演剧的经验。

学习者通过设计的经验学习，可以弥补因空间限制而无法体验感知客观事物的某些直接经验。但学习者在时间、思想和文化等方面亦同样受到限制。学习者可以通过参加演剧获得体验。现代教学技术中采用的角色扮演（cosplay）正是这类学习体验，通过扮演他人的角色，人们能获得新的意识，发展移情作用，对学习者的态度产生积极的影响。

（4）演示。

演示是对重要的事实、观念、过程的一种形象化的解释。学习者通过观看演示获得的学习经验是观察的经验，往往缺乏亲身介入的直接感受。为了使演示教学取得效果，应强调学习者积极参加，使学习者更加仔细地观察演示。

（5）校外考察旅行。

校外考察旅行作为一种学习途径，主要目的是使学习者观察在课堂上看不到的事物，包括访问、考察等活动。在参观、访问和考察过程中，虽然不要求学习者直接参加所观察的活动，但学习者也常能获得直接体验生活的效果。这反映出"经验之塔"中表现的各类学习经验之间存在相互依赖的联系，层次的分隔并不意味着学习经验陷入严格、死板的模式。

（6）展览。

参观展览也是一种学习途径。举办展览一般只包括模型、照片、图表及一些实物等，因此，参观展览的学习经验比校外考察旅行更为抽象。在学校中举办教育展览所用的展品最好由教师指导学习者自行设计制作，使学习者从中获取更多的学习经验。

（7）电视和电影。

电视和电影提供的仅是一种视听经验，学习者在观看事物的发展时并无直接接触、品尝等体验，他们只是观察，只能以一种想象的方式参与其中，不如实地参观时身临其境感受深刻。但是，电视和电影是多方面知识的综合媒体，可通过技术手段压缩时间和空间，突出学习内容中的难点与重点，这比实地参观的学习效率更高，比直接经验更容易理解、更加生动，具有强烈的感染力。

（8）广播、录音、静画。

由广播、录音、照片、图解等教材提供的内容更加抽象。照片和图解（静态的画面）缺乏电影、电视画面的动感；广播和录音则缺少视觉形象，但它们给学习者提供的是视听刺激，故仍属于一种"观察"的学习经验。

（9）视觉符号。

所谓视觉符号的学习经验，包括地图、图表、示意图等提供的学习经验，在视觉符号里，人们看不到事物的真实形态，只能看到一种抽象的代表物。因此，视觉符号的学习是高度抽象的学习经验，如符号不能直接唤起学习者已有的经验，或学习者不能理解符号所代表的事物，那么符号便会使学习者迷惑不解。学习者必须先学会视觉符号，才能从中学习。

（10）词语符号。

词语符号可以是一个词、一个概念或一条原理等。它们与其所代表的事物或观念不存在任何视觉上的提示，因此，词语符号的学习是最抽象的学习。

综上所述，"经验之塔"所表现的学习经验可分为三大类：

①"做"的学习经验，包括有目的的、直接的经验，设计的经验和参加演剧的经验。

②"观察"的学习经验，包括演示、校外考察旅行、展览、电视、电影、广播、录音、静画。

③"使用符号"的学习经验，包括视觉符号和词语符号。

学习者的身体或思想介入活动的不同程度使他们获得不同的学习经验。"做"的经验要求学习者充分运用感官和肌肉进行具体的直接活动。"观察"某一事物，相对于"做"而言，仅要求学习者做较少的身体活动；而在"使用符号"的学习经验中，几乎不涉及明显的身体活动，学习者通过思维和一般观念来处理经验即可。

3. 教学中应充分利用各种学习途径，使学习者的直接经验与间接经验产生有机联系

"塔"的分类基础——具体或抽象的程度与学习的难易无关，各类学习经验是相互联系、相互渗透的。教与学的过程必须作为一个整体来看待，而视听教材的作用必须从它们与这个整体的关系中来理解。位于塔腰阶层的视听教学媒体能为学习者提供一种"替代经验"，视听媒体的学习经验比语言和视觉符号具体形象，与所代表的事物有相似之

处，便于学习者感知学习对象，但又比直接学习经验抽象、概括，使得具体的事物与抽象的概念产生联系，起到了中介作用，有助于突破时空限制，解决教学中具体经验和抽象经验的矛盾，弥补各种直接经验的不足。替代学习经验的思想是教学媒体应用于教学过程的主要理论依据。

另外，"经验之塔"与认知发展阶段是一致的。布鲁纳认为认知发展按照动作式、图式和符号式三个阶段持续前进，各个阶段分别代表一种内容的表现形式。在知识的获得过程中，一个人首先是依靠动作学习，然后依靠图式学习，最后依靠符号学习。据此，布鲁纳提出教学应从具体经验开始，向经验的代替物（如图形、电影等）发展，最后学习符号。在他看来，"学生接触教材的顺序"对于学习任务的完成有直接的效果。这一点对所有的学习者均适用。当成年人面临一项新的学习任务，但缺乏有关的经验作为学习基础时，如果教学按直接经验、图式经验到符号经验的顺序展开，就能有效地促进学习。布鲁纳认为："教授基本概念最重要的一点是要帮助儿童不断地由具体思维向概念上更恰当的思维方式的利用前进。"

尽管布鲁纳的研究旨在揭示学习的心理操作过程，而"经验之塔"所强调的是向学习者提供刺激物的性质——具体或抽象的程度。但"经验之塔"中对学习经验的归类（"做""观察"和"使用符号"）与布鲁纳的表征系统相一致。在经验之塔的底部，学习者在实际经验中是一个参加者；向上发展，学习者成了某一实际事件的观察者；再向上发展，学习者成为通过媒体表现的某一事件的观察者；最后到达塔顶，学习者所观察的便是代表某一事件的符号了。

（二）演示型教学模式的教学原则与策略

根据前述理论及物理教学的规律，在选择和使用演示型教学模式时应遵循如下教学原则，即主导性原则、互补性原则、有序性原则、启发性原则和交互性原则，以下重点介绍前四种：

1. 主导性原则

主导性原则是教学过程中教师主导、主控规律的反映。它要求教师要根据教学需求选择合适的媒体和软件，根据课堂教学的进程及发生的随机事件确定使用媒体和软件的具体方法，对媒体和软件进行主导控制。即要由人来控制媒体和软件，而不能让媒体和软件控制人。具体策略有以下几点：

①根据教学内容、学生的年龄特征和学生在认知需求、知识水平方面的特点选择媒体和教学软件，确定相应的教学组织形式和教学策略。

②根据学生的反应确定是否要重复演示、中断演示、快速演示或缓慢演示。

③根据教学进度对演示内容进行取舍。例如，当发现教学时间比较紧时，就选取关键性的内容进行演示。

④演示前对学生提出观察要求，指导学生观察，对学生练习的结果给予及时反馈。

⑤根据教学进程的要求，引导学生及时转移注意力。

2. 互补性原则

互补性原则是教学系统性及媒体特性的客观要求。这一原则有两个方面的含义：一是计算机媒体要与其他媒体互补，二是信息技术的应用要与传统教学方法互补。具体内容和策略如下：

①能够引起教学质量变化的是使用媒体的方法，而不仅仅是媒体本身。现代化教学媒体并不必然对教学有正面的作用，脱离具体的教学内容和方法，孤立地比较不同的教学媒体的作用是毫无意义的。应根据教学内容及教学目标选择适当的教学媒体，研究教学策略，在现有教学资源的基础上，充分发挥不同媒体的特性，确定课堂上要利用哪些媒体，怎样组合应用才能获得最好的效果。例如，计算机模拟演示与真实实验具有不同的特征，教学中可以配合实物实验，利用计算机模拟来分析实验现象，进行实验操作指导等，这样可以优势互补、提高教学效率。另外，媒体在传递信息的过程中会有损耗，多种媒体相互补充可以保证信息的准确传递，信息通道干扰极小。

②设计各种教学环节之间的转移，使各种教法浑然一体，把信息技术自然而然地融入课堂教学过程。计算机不可能起到解决教学中的所有问题，夸大信息技术的作用，试图以信息技术代替传统教学的做法是不现实的。无论传播媒体怎样先进，也不管它的功能如何完善，它们都不可能完全取代师生之间的人际交流，如果没有教师的参与，即使再好的软件，对于多数环境中的大多数学生而言，也是不够的。但在传统教学中，一位教师难以顾及每个学生，而信息技术可以协作解决这一难题。信息技术还增加了众多技术内涵，它具有个别化和交互性两个方面的特点，从而具有独特的教学优势。因此，最成功的学习项目是把教师活动与技术整合到一个更广泛的学习活动中去的教学活动。信息技术与传统教学的关系应当是一种有机整合的互补关系。

在贯彻互补原则时要避免一种错误倾向，即媒体越多越好，否则教师在课堂上手忙脚乱，无暇启发诱导，学生则看得眼花缭乱，对展示内容无所适从。结果教学效果当然不好，所以媒体互补要有度。

3. 有序性原则

这条原则是教学系统性的反映。具体有如下两点：

①把握使用各种类型课件的时机。例如，在建立概念之前，使用"激疑、设疑型课件"，既可以激发学生思考，又可以使学生暴露思维问题；在演示实验后，使用"动态模拟型课件"可以丰富和巩固学生的表象。

②按一定的顺序演示课件内容。如由易到难的顺序、由整体到局部再到整体的顺序、先连续演示再分步演示的顺序等。

4.启发性原则

启发性原则是由物理学科的特点决定的，物理科学是对经验世界的理性认识。物理教学中丰富学生的感性认识不是目的，而是为了帮助学生更好地形成概念、进行科学抽象的理解。因此，贯彻启发性原则是使用物理课件的必然要求。具体策略如下：

①利用课件激疑和设疑，激发学生的好奇心，促使学生积极主动地思考和学习。在教学过程中，教师要灵活地运用课件，适时创设问题情境，让学生能够积极、有序地思考，避免纯粹的感官刺激。

②充分利用现代媒体具有"替代经验"的特性，帮助学生实现从感性认识到理性认识的飞跃。现代媒体能为学习者提供一种"替代经验"，有助于突破时空限制，解决教学中具体经验和抽象经验的矛盾，弥补各种直接经验的不足，有助于引导学生向抽象思维发展，使探求知识的智力过程大为简化。一方面，可以利用"替代经验"丰富和巩固学生的表象，克服其思维障碍。由于学生受生活经验的局限，常常对一些物理现象的发生和变化过程认识不清，甚至存在错误的认识。在生活中长期积累而形成的这些模糊或错误认识往往难以改变，成为学习概念规律的障碍。利用计算机模拟可以有效地解决这一问题。例如，针对学生存在的模糊或错误认识，首先创设情境、设疑，造成学生的认知冲突，然后动态模拟，或者是先实验再模拟。在模拟过程中，应根据情况采用放大、慢镜头、定格、重放等手段，并进行观察指导。另一方面，利用"替代经验"可以帮助学生建立物理模型。一是利用计算机媒体创设情境，帮助学生抓住事物的本质特征，从而奠定物理模型的基础；二是计算机媒体可以提供近乎真实的虚拟环境，让学生在探索中建立物理模型。

③利用课件释疑。根据学生提出疑问的类型，选择合适的课件释疑。例如，对难以观察的物理现象或过程中的疑问，对难以找出适当的物理模型的问题。

课件的使用过程涉及教师、学生、媒体，课件的使用原则揭示了它们之间的作用规律，使之构成了一个相互作用、组织有序的结构。

在物理课堂教学中运用现代教育技术要注意四个转变：教师角色的转变、学生地位的转变、媒体作用的转变、教学过程的转变；注意纠正信息技术应用于物理教学过程中出现的偏向，如追求硬件的高档次、"习题搬家""文字搬家"等。

第二节　以学生使用信息技术为主的自主探究学习模式

以学生使用信息技术为主的自主探究学习模式在目前中学物理教学中还比较少见，仍处于探索阶段。这种教学模式的主要特征是开放的学习环境，即允许学生自己决定需要什么信息、采取什么方法解决问题，教师作为指导者、促进者，要为学生提供必要的支持。其基本学习方式包括探究学习、设计与制作、以问题为中心的学习。基本组织形式是合作学习，一个教室内有 1 台以上计算机就可以开展多种形式的学习活动，5~8 台计算机最为适宜，不必要求每人一台计算机。教学过程可以由以下六个环节构成：

（1）通过实物及计算机演示创设情境，提出可供选择的研究课题。

（2）学生选择问题，自愿结合成研究小组。

（3）分组讨论，分别确定研究方案。

（4）分组探究，获取数据，共享数据。

（5）利用计算机查询资料、处理数据、发现规律。

（6）各组利用计算机展示、汇报研究结果。

在自主探究学习教学模式中，学生的自主性可以得到充分发挥，但由于学生之间存在很大差异，许多学生在进行自主探究学习时会感到不知所措，容易产生无效学习。因此，在这种教学模式中，加强教师的指导具有更重要的意义。

有效的指导策略应采用宏观指导和个性化指导相结合的方式。宏观指导可利用"教师指导卡""学生任务卡"和各种数据表单的形式来指导学生。教师通过指导卡引导学生活动时，要以问题和任务引导为主，但问题一般不能太具体，要留给学生发挥的余地。学生根据指导卡填写任务卡，任务要具体。学生根据任务卡协作分工，教师通过任务卡了解学生的活动进程。学生可以先分组讨论指导卡所提的问题，再根据学生意向分任务组，在组内制订方案时填写个人任务卡。活动结束后回收任务卡作为个人评价的资料。

个性化指导是指在小组探究活动中，教师根据学生出现的各种个性化问题加以指导和点评。学生在探究过程中会出现各种各样的问题，有物理、计算机方面的，其中的大部分问题教师在事先都毫无准备，教师在指导学习的过程中，自身也是在参与并不断地学习和探究的。

第三节 网络环境下的教学模式

一、网络环境下学习理念和学习方式的发展

多媒体是信息的表现形式，为信息的表现提供了广阔的空间。网络是信息的传递形式，网络中的信息要用多媒体技术表现，多媒体表现的信息要通过网络传递，二者相辅相成。网络系统及多媒体技术与新的教学构想相结合，不仅突破了旧有的教学方式，而且改变了教师与学生之间的关系，为教育个别化与交互性提供了强有力的支持，使个性化和终身化学习的观念深入人心。

在人类发展的过程中，师徒制曾经是教育活动的重要形式，这种形式的教育活动主要是个别化和体验式的。可见，个别化是教育活动中的古老传统。只是到了近代，由于工业化生产的需要，这种个别化的教育活动才逐渐被大规模的班级教学取代。在工业化社会，标准化是社会进步和发展的标志。在学校教育中，均以标准化的课堂教学为主要的教育形式，这是长期以来学校保证教育质量和办学效益的主要措施，也是标准化意识在教育中的一种体现。但个别化的观念并没有完全消失，人们企图在标准化模式中寻求个别化教学的突破。与班级教学相比，个别化教学系统具有如下特点：

（1）学生自定学习步调，能按照适合自己能力和时间要求的速度来完成教程。

（2）学生必须达到一单元的教学要求，才被允许进入下一单元内容的学习。

（3）讲授和演示起激发学习动机的作用，而不是传授关键信息。

（4）强调使用书面文字进行师生之间的交流。

（5）使用标准参照评价，及时为学习者提供本人学习进步的情况。

尽管程序教学运动没有解决标准化模式与个别化教学的矛盾，但重视学习者的反应和教学媒体设备作用为个别化教学开辟了两条崭新的道路：一是个别化教学必须以对学习者的深入研究为前提；二是坚定了利用教育技术实现个别化教学的信念。

大量教学实践表明，在没有信息技术支持的情况下，要想获得个别化教育的实际效果，一般要通过课外的补充措施才能奏效，而研究资料却表明，在教师将主要精力放在课堂讲授的情况下，平均每个学生每天和教师个别交流的时间不到 2 分钟，对学生的个别指导更无从谈起。因此，从程序教学运动开始至今，利用信息技术实现个别化教育和充分个性化的学习一直是教育追求的目标。

随着多媒体与网络技术的发展，教学信息的流通与传播方式由过去的单向流动方式变为互动式、团队合作式等新的方式，交互性的内涵不断丰富和发展。

从传播理论的观点来看，在信息传播过程中，传递者根据自己的经验给信息编码，收受者则根据自身的经验来解释信息。在反馈过程中，收受者成为传递者，以同样的方式为反馈信息编码，此时反馈出的信息本身已是收受者原有经验的产物了。这样，在信息传播过程中，两个个体在编码、解释（译码）、传递、接收信息时，反馈与分享信息持续循环。

从教学的角度来说，信息的意义及学生的理解是至关重要的。两个试图交流的个人，需要积累相当的经验，只有在其共同经验范围内，才能形成真正的交流，因为只有这个范围内的信息才能为信息发送者与收受者所共享。

在教学过程中，教师是信息源，为达到特定的教学目的，要选择教学内容并设计传授教学内容的方式。教学信息的设计（编码）则取决于教师本人的知识水平、技能、态度、文化背景等因素，即教师的"经验范围"。由于学生是根据自己的"经验范围"来理解教师传递的内容，因此，教师必须充分考虑学生的知识基础、年龄、动机、兴趣等因素，尽可能在师生双方"经验范围"相同的部分构成有效的教学传播，并以此为基础，逐步扩大学生的"经验范围"。可见，在教学传播中，师生之间的交互作用是至关重要的，其着力点在于确定共同的"经验范围"。

从建构主义教学观来看，学习不但是知识由外到内的转移和传递，而且是学习者主动地建构自己的知识经验的过程，即通过新经验与原有知识经验的相互作用来充实、丰富和改造自己的知识经验，这就为教学中的交互性赋予了更加丰富的内涵。建构主义根据学习中的"相互作用"，划分为三种知识建构：个体的建构（个体与其物理环境的相互作用）、个体间的建构（儿童—儿童、儿童—成人的相互作用）以及在更大的社会文化背景下的公共知识建构。在知识建构中，一方面，学习者要与物理环境（客体）互动，通过指向客体的活动来促进知识的增长，这是一个双向建构的过程：新经验要获得意义，需要以原来的经验为基础，融入原来的经验结构，即同化；同时新经验的进入又会使原有的经验发生一定的改变，使它得到丰富、调整或改造，即原有经验发生顺应。另一方面，学习者之间以及学习者与教师之间的社会性相互作用也是知识建构的重要侧面，许多建构主义者都很重视社会性相互作用在学习中的作用，认为合作、讨论、交流在学习中是很重要的，这就是合作学习的渊源。由于建构主义重视学习中的"相互作用"，因此，教育家越来越认识到未来信息社会是建立在合作的基础上的，而不仅仅是竞争。合作学习成为当前很受重视的一种学习形式，合作学习常被研究者看作解决教育问题的一剂良药。合作学习有各种不同的形式。在分组方式上，有的采用同质分组的方法，而更多的是采用混合分组，即把不同能力水平、不同种族、不同背景的学生分到一组中。在学习任务上，有的以常规的学习任务为主，让学生讨论由教师提供的信息，练习教师示范的技能，而有的则要求学生共同参与探索和发现活动。合作学习的含义很广，它虽然包括协作学习、小组学习等形式，但它强调集体性任务，强调所有的人都能参与到明确的集体任务中，强调教师放权给学生小组，这与传统教学中的一些小组活动不同。合作学习的关键在于小组成员之间相互依赖、相互沟通、相互合作，共同负责，达到共同的目标。

总之，随着信息技术的迅猛发展，每个社会成员都有机会运用信息技术亲身体验个性化和终身化学习的境界，个性化和终身化的教育理念将在更深、更广的层面上发扬光大，同时，"学徒制"和"即学即用"的学习观念也正在兴起。这是学习型社会最为重要的特点，它标志着教育由发展的手段转变为不仅仅是发展手段，同时也是发展的基本内容和目标。

二、设计网络学习环境的策略

网络环境下学习理念和学习方式的发展使人们越来越关注学习环境的设计。学习环境是学习者可以在其中进行自由探索和自主学习的场所，在此环境中，学生可以利用各种工具和信息资源（如文字材料、书籍、音像资料、教学软件等）来实现自己的学习目标。在这一过程中，学生不仅能得到教师的帮助与支持，学生之间也可以相互协作和支持。因此，在网络条件下，如何设计学习环境是能否支持学生自主学习、自主建构的关键因素。

建构主义学习理论强调学生的自主学习，认为"情境""协作""会话""意义建构"是学习环境中的四大要素，学习环境的设计模型的具体内容和策略主要有以下几点：

（一）自主学习环境的设计方法

建构主义强调应根据学习内容设计自主学习环境，常见的有以下几种：

（1）围绕"概念框架"的自主学习，即围绕学习主题建立一个相关的概念框架。框架的建立应遵循"最邻近发展区"理论，而且要因人而异，以便通过概念框架把学生的智力发展从一个水平引导到另一个更高的水平，就像沿着脚手架那样一步步向上攀升。

（2）围绕"真实问题"的自主学习，即根据学习主题在相关的实际情境中去确定某个真实事件或真实问题，然后围绕该问题展开进一步的学习。其步骤是：对给定问题进行假设，通过查询各种信息资料和逻辑推理对假设进行论证，根据论证的结果制订解决问题的行动计划，实施该计划并根据实施过程中的反馈补充和完善原有认识。

（3）围绕"事物多面性"的自主学习，即根据学习主题，进一步创设能从不同侧面、不同角度表现上述主题的多种情境，以供学生在自主探索过程中能够随意进入其中任何一种情境去学习。

在自主学习环境的设计中应考虑以下三个方面的问题：

（1）在学习过程中要充分发挥学生的主动性，体现出学生的首创精神。

（2）要让学生有多种机会在不同的情境下去应用他们所学的知识（将知识"外化"）。

（3）要让学生能根据自身行动的反馈信息来形成对客观事物的认识和解决实际问题的方案（实现自我反馈）。

以上自主学习方式已广泛应用于多媒体网络教学环境，是目前国外比较流行的。

（二）利用各种信息资源支持学习活动

为了支持学习者的主动探索和完成意义建构，在学习过程中要为学习者提供各种信息资源（包括各种类型的教学媒体和教学资料）。因此，对传统教学设计中有关"教学媒体的选择与设计"这一部分，将有全新的处理方式。例如，在传统教学设计中，对媒体的呈现要根据学生的认知心理和年龄特征做精心的设计。现在由于把媒体的选择、使用与控制的权力交给了学生，对教学媒体的选择与设计就转为对信息资源应如何获取、从哪里获取以及如何有效地加以利用等问题的设计。

（三）强调"情境"对意义建构的重要作用

在我们周围，有些问题的解决过程和答案都是很确定的，可以直接套用计算法则或公式，这可以叫作结构良好领域的问题。传统的知识、技能的教学方法可以比较好地解决这类问题。但是，现实生活中的许多实际问题不能简单套用原来的解决方法，而需要面对新问题，在原有经验的基础上重新分析，这就是结构不良领域的问题。结构不良领域是普遍存在的，可以说，在所有的领域中，只要将知识运用到具体情境中去，都有大量结构不良的特征。因此，我们不可能通过提取已有知识去解决实际问题，只能根据具体情境，以原有的知识为基础，建构用于指导问题解决的图式，而且，往往不是单独以某一个概念原理为基础，而是要通过多个概念原理及大量的经验背景的共同作用来实现。在这种情况下，采用传统的知识、技能的教学方法会使学生的理解简单片面，妨碍学习在具体情境中的灵活迁移。建构主义提出了运用"随机通达教学"解决这类问题。"随机通达教学"认为，对同一内容的学习，要在不同时间多次进行，每次的情境都是经过改组的，而且目的不同，分别着眼于问题的不同侧面。这种反复绝非为巩固知识技能而进行的简单重复，因为在各次学习的情境方面会有互不重合的方面，而这将会使学习者对概念、知识形成新的理解。这种教学不是抽象地谈概念一般如何运用，而是把概念具体到一定的实例中，并与具体情境联系起来。每个概念的教学都要涵盖充分的实例（变式），分别用于说明不同方面的含义，而且各实例都可能同时涉及其他概念原理。在这种学习过程中，学生可以形成对概念的多角度理解，并与具体情境联系起来，形成背景性经验。这种教学有利于学生针对具体情境建构用于指引问题解决的图式。可以看出，"随机通达教学"的思想与布鲁纳关于训练多样性的思想是一致的，是这种思想的深入发展。

1. 学生不适应网络环境下的教学和学习方式的主要问题

目前，多媒体教学网络系统在物理教学中的应用刚刚起步，网络内容、结构和功能的设计及在教学中的使用方式正处于探索阶段，教师和学生还不能适应网络环境下的教学和学习方式，在实践中出现了许多问题，主要有以下三个方面：

（1）很多学生缺少网上学习技能，学习效率不高。

相对于课堂中的学习来说，网上学习具有许多新特点，只有掌握了与此相适应的学习技能，才能进行有效学习。很多学生缺少网上学习的技能和经验，不适应这种学习方式。具体表现如下：

①以语言文字、符号进行交流与表达的技能不高，提出的问题不明确、不具体。

②缺少自我规划、自我调控学习的技能，常常无目的地漫游。

③缺少根据学习目的搜集、选择有效信息的技能，往往找不到自己所需要的信息。

④缺少有效讨论的技能，只见双方观点的对峙，少见论据的交锋。

（2）网络学习中大量出现"漫游"现象。

网页的组织结构是超媒体结构，一个"屏幕"上的各个节点具有相等的被访问地位，读者的阅读具有很大的随意性。超媒体对信息具体内容的显现方式是无序的，所以往往无从控制学生的访问方向，也就无法控制学生的学习起点和步骤，很容易引起学生的无序学习，导致学生漫无目的地转来转去，所获甚少，这就是所谓的"漫游"。网络学习中出现的"漫游"现象主要是因为：很多学生缺少明确的学习目标，缺少网上学习技能，难以自主选择适当的主题进行讨论或学习，只是盲目地转来转去。

（3）网络学习中大量出现"信息过载"现象。

当信息被传播、表现时，接收者需要对其所接收到的信息流进行判断和评价，确定对自己有关、有用的信息，而抛弃与自己无关、无意义的信息。但当一个人接收的信息流量太大、太乱时，往往难以判断、确定对自己有关、有用的信息而发生信息饱和甚至过载的现象。信息过载是由认知过程的无组织引起的。例如，××市教委为中小学生开办的"课堂在线"中，很多学生希望浏览版主的学习建议、方法指导或回答的问题，但面对数千个主题、数万个帖子，学生在每个节点前都面临着"找出路"的问题，学习者需要不断进行判断与决策："在哪儿""往哪儿去""怎样去"，为此必须做出大量的心理努力，但有时可能仍然一无所获。这种信息过载在"课堂在线"中主要表现为两个方面：一是重要的主题或感兴趣的主题被"淹没"在数以千计的主题中，难以被需要者发现，其结果之一就是不断出现大量类似或重复的问题；二是每个主题平均有7个帖子，而有些主题则有几十个甚至数百个帖子，真知灼见往往被掩盖。

2. 设计物理教学网络的内容、结构和功能

在多媒体和网络学习环境中，学生更需要有效的指导，因此，设计多媒体和网络学习环境时，要重视和加强指导系统或帮助系统，也要求教师及时转变教学方式和指导方式。因此，在设计物理教学网络的内容、结构和功能时要突出以下几个方面：

（1）学习内容、学习方式要多样化，以适应不同学生的需求。在学习内容方面，既要有必学知识，又要有选学知识；既要有陈述性知识，又要有程序性知识和策略性知识；既要有概念规律等核心性知识，又要有物理现象和事实等背景性知识；既要有理论，又要有实验设计和探索及应用。在学习方式方面，既要有讲解、演示式，又要有发现探索式；既要有网络广播式，又要有个别辅导式和小组讨论式；既要有有利于课内学习的方式，又要有有利于课外学习的方式。

（2）加强对学生的引导和帮助。其主要有三个方面：一是帮助学生掌握网络资源检索利用的正确方法，加强对信息利用的目的性教育，以削减过量娱乐、游戏行为的负面影响；二是通过提示学习目标和特定学习策略，帮助学生自主选择适当的学习内容和策略；三是要有效引导学生运用元认知策略，不断监控自己学习的方法、目的、有效性，帮助学习者准确评估学习、预测学习进程。

（3）重视问题设计，为学生提供充分表达和交流的环境。根据学习任务和学生特征设计问题，引导学生思考，促进其主动参与，提醒其自我监控。同时，要设计灵活多样的回答方式，如论坛、聊天室、电子邮件、电子笔记本等，为学生提供表达和交流的

环境，以弥补传统教学的不足。

（4）提供丰富的学习资源，创设有意义的学习情境。只有足够丰富的学习资源，才能为个别化学习、探索学习、合作学习等提供传统教学难以实现的合适情境。因此，学习资源的丰富性是物理教学网络重点解决的问题之一，但这是一个长期的任务。

三、网络环境下数学模式的具体形式

随着"校校通""班班通"工程的实施，越来越多的教师和学生可以在教学中享受到网络的种种便利和好处。广大教师积极探索网络环境下的教学模式问题，积累了许多成功的经验，主要有以下三个方面。

（一）网络环境下的自主学习模式

网络环境下的自主学习是指利用网络资源和网络功能支持学生自主学习的一种教学模式，其目的在于实现学生自主化、个性化的学习，同时培养学生收集信息、整理信息、处理信息的能力。网络环境下的自主学习可以有多种变式，如网络环境下的探究学习、网络环境下的合作学习等，但基本环节可以概括为：情境创设—问题导向—查询信息—探索思维—意义建构。每个环节的含义如下：

（1）情境创设。创建与当前学习主题相关的情境，接近知识产生、使用的实际情境，能让学生进入积极的学习情感状态，提取记忆中的有关知识、经验，激发联想和想象。

（2）问题导向。一是在情境中设置问题，诱导学生积极思考；二是启发学生观察、思考后提出新问题、新想法。

（3）查询信息。学习者围绕学习主题上网搜集信息，分析、辨别并加以归类、整理。

（4）探索思维。学习者对获取的信息进行批判，探寻现象与本质、原因与结果、或然与必然等之间的规律和关系。

（5）意义建构。利用原有认知结构中的有关经验（图式）去"同化"和索引（分析、检验、确认）当前学习的新知识，如果不能"同化"，则引起"顺应"，以实现对新知识的意义建构。

进行教学设计时要注意以下两点：①学习主题的设计。主题的选取和设计非常重要，要遵照维果茨基的"最邻近发展区"原则，创设智力上有挑战性的问题，有思考价值，有可探索的空间，激发学生的探索兴趣、愿望，能完成任务驱动作用，培养学生的创新能力。②信息资源的设计。确定学习当前主题所需信息资源的种类和内容，每种资源在学习中的作用及相关的更多资源，教师可视情况指导部分学生获取资源的路径和分析利用资源的方法。

（二）任务驱动—问题解决模式

任务驱动—问题解决模式是指在教师的指导下，学生把网络作为工具，自主解决学习过程中的某个任务。在教学中，网络的这种应用方式是大量的、经常的。

（三）"在线"学习指导模式

"在线"学习指导模式是指利用网络指导学生学习和讨论的教学模式。这种教学模式打破了班级、学校、地域的限制，为学生的自主学习提供了广阔的空间。

第六章　物理教学设计

物理教学设计是指以物理教学过程最优化为目的，在一定的教学思想、教学理论的指导下，根据学生学习和心理发展的实际，系统地分析和诊断物理教学问题、确定物理教学目标、设计有效的教学策略、制订教学方案、试行教学方案、评价教学方案的试行结果、修改并完善教学方案的全过程。

第一节　物理教学设计的内容与方法

一、物理教学设计的主要环节

教学设计主要有哪几个环节的问题，有不同的看法，但是大家普遍地将分析教学需求、制定教学目标、选择教学策略、开展教学评价等看作教学设计过程的四个基本环节。也就是说教学设计主要是在对需求、目标、策略、评价这四个基本环节之间的相互联系和相互制约进行分析的基础上完成的。

物理教学设计的各项工作之间是有密切联系的。首先，前期分析是教学设计的基础，任何教学设计过程要建立在对学习需要、教学对象、教学内容等方面充分而准确的分析的基础上。其次，教学目标就是在前期分析的基础上，明确学生要完成的学习任务，拟定学生要达到的学习目标。而这些教学目标既是教学过程的出发点，也是教学过程的归宿。最后，为了有效达到教学目标，就要对如何选择学习内容和学习方法进行设计，对有助于高效益实现学习目标的教学策略进行设计，对学习活动需要的教学手段进行选择。

另外，为了保证整个教学设计的有效性，就要根据前期分析和教学目标，对教学设计通过评价并进行修订，制定出完善的教学设计。

二、物理教学设计的内容

物理教学设计的内容主要包括教学任务分析、教学对象分析、教学目标设计、教学策略设计、教学媒体设计和教学评价设计。

（1）教学任务分析。对教学任务进行分析，不仅要求对所要学习的内容在物理学知识体系中所处地位进行分析，还要求对所要学习的内容在学生发展和实现学校培养目标方面的作用进行分析。对学生应学习哪些知识、技能及态度，即确定学习内容的范围与深度的分析；对所要学习内容中各项知识与技能关系的分析，为教学程序的安排奠定基础。

（2）教学对象分析。在教学设计中，学生是核心。学生学习新知识前所具备的知识和技能、所持的态度与了解程度是教学成功与否的重要因素。因此，对教学对象进行分析是教学设计的基础。我们应分析学生在学习新知识前所具有的一般特征，确定学生的初始状态，注意学生认知结构的特点，了解学生的准备状况。

（3）教学目标设计。在对教学任务和教学内容进行分析的基础上，要对课时教学目标进行设计和编写。教学目标应说明学生学习结果，并以具体、明确的术语加以表述，在教学活动前，必须把教学目标明确地告知学生，使师生双方都能够明确教学目标，做到心中有数，使教学、学习活动做到有的放矢。一个完整、具体、明确的物理教学目标应包括行为对象（教学中学习的主体是学习者）、行为动词（所使用的表达学习目标的行为动词要具体准确，尽可能使之具有可评估、可理解的特点）、行为条件（影响学习者产生学习结果的特定的限制或范围）和行为程度（教学所要达到的最低标准或水平）。

（4）教学策略设计。物理教学策略是指在物理教学目标确定下来以后，根据一定的物理教学任务和学生的认知特征、情感特征以及动作特征，有针对性地选择与整合相关的物理教学活动、教学方法以及教学组织形式，并计划和安排好教学时间，形成具有效率意义的实际教学方案。物理教学策略设计是物理教学设计的非常重要的环节，包括教学活动的安排、教学方法的选用、教学组织形式的选择和教学时间的安排等四个方面。

（5）教学媒体设计。教学媒体是承载和传递信息的载体，是指在教学过程中教师与学生之间传递以教学为目的的信息所使用的媒介物，是众多教学材料的总称。它包括语言媒体、文字媒体、图表媒体、幻灯投影媒体、影视媒体、计算机多媒体系统等多种类别。教学媒体在物理教学中尤为重要，不可或缺。

（6）教学评价设计。物理教学评价设计是解决物理教师教得怎样、学生学得如何的问题的。物理教学评价是根据一定的标准或指标体系，运用各种有效的方法和手段收集有关的信息，对物理教学活动效果、物理教师教学效果和学生学习效果进行价值判断的过程。进行物理教学评价首先要选择被评价对象，通过多种方式收集物理教学评价所需要的资料，然后采用分析、归纳和综合等手段或数学统计方法进行整理和解释，最后形成一份物理教学评价的报告，作为对整个物理教学设计的判断和反馈，设计者再根据反馈信息修正和完善物理教学设计。

三、物理教学设计的过程

针对不同类型的知识特点，物理教学设计的具体方法和步骤会有所不同，但进行设计的总体思路应该是完全一致的。可以从明确目标、把握内容、制定策略与方法到权衡利弊，即从教什么和为什么教、怎样教、教得怎样几个方面入手，形成各层次的教学系统，其基本步骤如下：

（1）确定单元教学目标。教师开始对物理教学进行设计时，要求对本课程的教学目标做到心中有数，然后根据教学目标的要求，结合教学内容制定单元的教学目标。

（2）明确单元教学内容。这一步工作是把握教学内容的分类，明确这些内容是由哪些要素构成的、要素和要素之间的关系是如何构建的，从而把握教学内容和它的层次结构，以及为了达到终点目标所需掌握的从属技能。

（3）学生学情分析。只有从学生的实际出发，才能在教学过程中有的放矢。因此，必须根据教学任务，分析学生学习新知识必须具备的原有知识基础和能力以及学生学习新知识所需要的情感准备，确定教学的切入点。

（4）问题分析。根据教学任务和学生学习的情况，确定单元教学的重点和难点，分析单元教学的基本要求，确定单元的课时分配计划。

（5）确定课时教学目标。通过上述分析，即可制定详细的课时教学目标。由于教师必须根据课时教学目标选择和组织教学内容、设计教学策略和方法，并根据教学目标来评价教学效果，因此课时教学目标必须是确切而具体的。

（6）选择教学策略。教学策略的选择要立足于学生的实际，符合学生的认知规律，注重理论与实践的结合，充分发挥学生的主动性和创造性。

（7）选择教学方法和媒体。教学方法和媒体的选择要充分利用学校的现有条件和周边的有利环境，注意发挥教师自身的特长，注重教学方法的优化组合。

（8）设计教学过程。应当用系统科学方法来指导教学过程的设计，合理地安排教学过程结构，使教学过程的各个环节协调紧凑、一气呵成，让教学系统的整体功能得到最大限度的发挥。

（9）教学评价。对所制订的教学方案的可行性以及实施后的效果，做出客观的、实事求是的价值判断，是教学系统设计的归宿。通过教学评价，知道可能获得的教学效果，使其更为完善、更具有实施价值。

第二节 物理探究式教学设计

一、物理探究式教学模式的设计概述

物理探究式教学设计，是基于某些物理课堂教学模式而进行的。教学模式是把教育教学理念贯彻于教学实际的中间纽带，因此，它必须兼顾理论和实践两方面的内容。物理探究式教学模式多种多样，下面展示几种常见的探究式教学模式的设计：

（一）指导型探究教学模式设计

指导型探究教学模式，旨在将探究教学和传统教学的优势进行整合，它可以很好地用于建立某些特定的概念和规律。这种模式在操作时的难度，体现在教师参与度的控制上，即教师如何指导学生的探究。指导型探究教学模式旨在将探究教学和传统教学的优势进行整合，可以很好地用于建立某些特定的概念和规律。

（二）开放型探究教学模式设计

开放型探究教学模式中教师参与程度最小，是以学生自主探究为核心的一种探究模式。它包括五个基本特征：（1）学生围绕具有科学性的问题展开探究活动；（2）学生获取可以帮助他们解释和评价具有科学性问题的证据；（3）学生从证据中提炼出解释，对具科学性的问题做出解释；（4）学生通过比较其他可能的解释，特别是那些体现出科学性理解的解释来评价他们自己的解释；（5）学生交流和修正他们所提出的解释。

（三）循环探究教学模式设计

循环探究教学模式的主要特点是教师传授核心知识，学生通过应用该知识或理论实现对问题的理解。循环探究教学模式不仅能够帮助学生形成概念及概念系统，而且能够培养学生的认知发展。该教学法对消除学生的错误的概念，培养学生的思维能力和探究能力有持久的作用。

（四）自探共究式教学模式的设计

"自探共究"课堂教学模式体现了科学探究的意义，学生主动参与知识形成的过程，并从中获取新知识，掌握方法，成为知识的"发现者"和"应用者"。在自探共究式教学模式过程中，要求教师注意如下问题：①教师在讨论过程中，应认真专注地倾听每位学生的发言，仔细观察每位学生的神态及反应，以便根据该生的反应及时对其提出的问题进行正确的引导；②要善于发现每位学生发言中的积极因素（哪怕只是萌芽），并及时给予肯定和鼓励；③要善于发现每位学生通过发言暴露出来的、关于某个概念或认识上的模糊或不准确之处，及时用适于学生接受的方式予以指出（切忌使用容易挫伤学生自尊心的词语）；④在讨论开始偏离教学内容或纠缠于枝节问题时，要及时给予正确的引导；⑤讨论的末尾，应由教师（学生自己）对整个协作学习过程做出小结。

自探共究教学模式的实施关键在于教师设计教学过程时要充分了解哪些是学生已知的知识点、哪些是未知的知识点，哪些是能启发后掌握的、哪些是学生自己无法理解的，然后寻找探究点，再针对性地设计问题，设计具体探究过程。

（五）探究—研讨教学模式的设计

探究除了让学生了解探究过程和探究方法外，最终目的是要得出某一科学的结论。只倚重过程会影响学生有意义的知识建构，这就背离了本模式的初衷；而只倚重内容就会失去探究的根本意义。

二、物理探究式教学设计的评价

物理探究式教学评价是物理探究式教学主要的、本质的、综合的组成部分，贯穿于探究教学的每一个环节，它提供的是强有力的信息、洞察力和指导，旨在促进学生探究技能的发展和自主学习能力的提高。物理探究式教学设计评价主要是形成性评价，目的是获得教学设计方案的成功或失败的反馈信息，对教学设计方案做出修改，提高教学设计方案的质量，真正实现教学过程的优化；就教学评价而言，是对学生学习过程及其结果的评价。构建促进学生全面发展的物理探究式教学评价指标，首先要明确评价内容，在物理探究式教学评价中，要对三维教学目标加以综合考虑。

第三节　物理基本课型教学设计

一、物理概念课教学设计

概念是"反映对象本质属性的思维形式"，它具有高度的概括性和抽象性。人类要认识自然、改造自然，掌握事物的本质，就必须运用概念并不断地发展与深化概念。只有切实掌握基本概念并以此为基础，才能起到扩大和加深基础知识的作用，使学生获得进一步探索知识的主动权。

（一）物理概念的特点

概念是反映客观事物本质属性的一种抽象。物理概念是人们在认识自然界物理现象的过程中逐步形成的。物理学概念不是物理学家主观臆造的东西，而是基于观察和实验事实之上的揭示事物物理本质和内在联系的理性认识。因此，要进行物理概念教学，首先要认识物理概念的特点。

（1）物理概念是观察、实验与科学思维的产物。物理概念是物理对象的本质属性在人的头脑中的反映，是在观察、实验的基础上，运用科学的思维方法，排除片面的、偶然的、非本质的因素，抓住一类物理现象共同的本质属性，加以抽象和概括而形成的。在物理概念的形成过程中，感觉、知觉、表象等是基础，科学思维是关键。例如，天体在运行，车辆在前进，机器在工作，人在行走，等等。尽管这些现象的具体形象不同，但会发现一个物体相对于另一个物体的位置随时间在改变。于是，我们把这个从一系列具体现象中抽出来，又反映着这一系列现象本质特征的抽象叫作机械运动，机械运动就是一个物理概念。

（2）物理概念具有确定的内涵与外延。物理概念和日常用语不同，它的内涵有明确的定义，外延也有确定的范围。物理概念的内涵就是指概念所反映的物理现象、物理过程所特有的本质属性，是该事物区别于其他事物的本质特征。物理概念的外延则是指具有该本质属性的全部对象，即通常所说的适用范围。

（3）物理概念具有量。物理学是严密的定量科学，许多物理概念是定量反映客观事物本质属性的。然而，也有许多物理概念，表面看来是定性地反映客观事物本质属性的，实际上，它们也有量的含义。

（二）物理概念的研究方法

物理概念是抽象思维的起点，又常常是科学思维的成果。在探索更新物理概念这样一个过程中，蕴含着许多人类认识自然研究问题的方法。

（1）理想化法。影响物理现象的因素往往复杂多变，实验中常可采用忽略某些次要因素或假设一些理想条件的办法突出现象的本质因素，以便于深入研究，取得实际情况下合理的近似结果。

（2）观察法。观察法是在对自然现象不加控制情况下，对自然现象进行考察，获得感性认识的主要手段，它对物理学的研究与发展起着重要的作用。在物理概念的教学中要注重培养学生的观察意识，在观察中捕捉有效信息，认识事物的本质属性。

（3）数学法。数学法也是物理学中研究问题的重要方法。建立概念、推导规律、论证问题、运用知识都离不开数学。如建立瞬时速度的概念，需要用到数学上取极限的方法；电场强度、磁感应强度、速度、电阻等概念的建立都用到了数学上的取比值的方法。离开了数学法，很多物理概念的特点就不可能从量的角度精确地反映出来。

（4）实验法。实验法是根据人们设计的实验方案，在实验过程中人为地控制自然现象，排除一些次要因素的干扰而突出所要观察的因素。物理概念与实验法有着密切的关系，如弹簧受拉力的作用而伸长，弹簧的伸长情况取决于外力的大小、弹簧的粗细长短，甚至从表面上看弹簧的伸长还与弹簧的颜色有关。但是在这些因素中有的是主要的，有的是次要的，有的甚至是毫不相干的。在教学中我们设计了一个实验，即抓住问题的主要因素，只研究弹簧的弹力和伸长量之间的关系。实验用悬挂钩码法给出对弹簧施加的拉力，用直尺显示弹簧的伸长量，正是借助这样的探索实验才使学生建立了劲度系数的概念。

（三）物理概念教学设计过程

通常来说，物理概念教学设计可分为四个阶段：概念的引入、概念的导出、概念的明确和概念的巩固。

1. 概念的引入

概念的引入就是为了让学生理解将要讲述的概念的重要性和引入的必要性。作为一节课的开始，这个阶段一定要激起学生的学习兴趣或者好奇心，产生学习动机。一般都是以提出问题的形式展开，让学生参与探讨，而这个物理问题要根据学生已具备的知识、经验和心理认识，结合物理概念的特点选取不同的角度提出。

2. 概念的导出

从提出问题到得出结论需要一个过程，这就是解决问题的过程，对概念讲述课而言，就是概念的导出过程，在早期的概念教学中，应充分展示概念引入的方法技巧，要针对全体学生的总体水平循序渐进，在中期则要引导学生利用学过的方法来导出概念，在后期就可以放手让学生自己去做这一步工作。

3. 概念的明确

导出概念之后就要将已经获得的关于反映现象和过程的本质属性，用简明而准确的语言或数学公式表述出来。在讲述概念的时候，如果不引导学生扩展对概念的认识，不分析它与其他概念之间的关系，就有可能造成对概念理解的片面性，既不利于正确掌握和运用概念，也不利于培养学生的综合能力。

4. 概念的巩固

概念的巩固是指学生把所建立的概念牢牢保持在记忆里，不断丰富概念的内容，发展物理概念的外延，并能顺利应用概念分析和解决物理问题。一般的深化巩固都采用练习的方法，即针对概念给出一些习题，让学生在做练习的过程中不断熟悉和巩固概念。另外，也可以让学生设计趣味实验，用文字描述、制作表格、画流程图等多种形式，对物理概念学习过程和学习方法进行总结，这既能帮助学生更好地巩固概念，也能培养学生的总结和归纳能力。

二、物理规律课教学设计

物理规律反映物理现象和过程在一定条件下发生、变化的必然趋势，揭示物理现象和过程中各物理概念之间的必然联系，它反映了物质运动变化的各个因素之间的本质联系，揭示了事物本质属性之间的内在联系。

（一）物理规律的特点

（1）简洁性。物理定律绝大多数通过数学公式定量地把定律的内容表示出来，这就为物理学成为精确的定量科学打好了基础。伽利略说过，宇宙这部书是用数学语言写成的。数学语言具有简明精确的特点，它抛开具体内容，只涉及抽象的数量关系，使数学公式表达的物理定律达到了真和美的统一。

（2）客观性。物理规律是自然界客观存在的，不以人的意志为转移。物理量之间的关系是相对稳定的，当具备物理规律所给定的条件时，由物理规律所描述的现象或过程就必然发生。

（3）近似性。物理规律从实践中总结出来后，就可以用它来解释有关的物理现象和预言在某种情况下会有什么物理现象发生。但是物理规律是对自然规律的近似反映，并非完全逼真和绝对无误，物理规律的深刻性和普遍性是有限的。

（二）物理规律的产生机制

物理定律的形成是一个复杂的创造性思维过程，不可能将形成过程归结为一些机械的步骤，也不只是一种或几种形式逻辑的推理方法就能把它们构建出来。既需要有归纳、类比、抽象，又需要有假说、分析、综合，还需要有直觉、灵感、顿悟。物理规律的形成过程千差万别，这个定律可能主要靠归纳获得，那个定律可能靠类比获得，而另一个定律可能主要靠直觉和顿悟获得：万变不离其宗，物理规律的发现还是有一定规律的。

（1）通过物理现象观察与数据分析发现规律。例如，开普勒在对大量观察数据进行整理分析的基础上，设想出行星运动可能采取的轨道和各种形式，此后他将每一种行星运动的形式与观察到的事实进行比较，发现只有椭圆轨道与观察的事实相符，即他在观察的基础上主要依靠对比方法，建立了开普勒三定律；牛顿在观察、分析大量物理现象后主要依靠归纳方法得出牛顿定律。

（2）通过科学实验发现物理规律。认识自然规律是一项长期而艰巨的工作，必须依靠大量周密的科学观察和精心设计的科学实验，才能得出科学的结论。如同普朗克所说，物理学定律的性质和内容都不可能通过单纯的思维来获得，唯一的途径是致力于大量的自然观察，尽可能收集大量的各种经验事实，并把这些事实加以比较，然后以最简单、最全面的命题总结出来。

（3）在部分实验基础上高度数学化发现物理规律。物理规律的发现主要依靠观察和实验，这就是物理学家们坚持的实在论哲学观，但是依据部分实验结果然后通过高度的数学抽象，得出源于实验高于实验的理论预见，最终又被后人的实验所证实。这样的理论发现只是属于少数远远走在时代前面的科学天才。

（三）物理规律教学设计过程

进行规律教学设计的过程中，教师在把握基本的规律教学设计理论的同时，应特别注意以下几点。

1. 创设情境

情境创设的形式是多种多样的，对于任何一个规律的教学，没有最好的情境创设，只有各具特色的情境创设。无论教师采用何种情境创设的方式，一个成功的情境创设必须是紧密结合学生的前认知进行的。

2. 过程完整

规律教学虽然没有固定的程序，但是规律教学的基本过程应包含"创设情境，形成问题；实施探究，促进建构；运用规律，解决问题"三个基本的教学过程。

第一，创设情境，形成问题。为了形成科学问题，教师需要有效地创设问题情境，即充分展示相关的物理现象，激励学生进行观察与思考，引导学生大胆地提出问题、筛选问题，最后确定所要认识和解决的科学问题。所创设的情境应该贴近学生的生活和社会环境，真实、可感，尽量激发学生的好奇心和求知欲。

第二，实施探究，促进建构。问题形成后规律教学就进入对问题的"定性探讨与定量研究"阶段。既要重视定性探讨，也要重视定量研究。定量研究为学生探究规律创设典型的物理情境，在探究过程中恰当地体现科学探究的要素，灵活设计和安排学生的猜想、计划、操作、推证、评价、交流等活动，有效地促进学生的"探究—建构"过程。另外，要明确表述规律认识的成果，可采用启发方式给学生思考和讨论的机会，尽可能做一些拓展以加强物理科学方法、科学本质的教育。

第三，运用规律，解决问题。教师要及时引导学生运用规律，在新情境中解决新问题。教师需要选用一些难度适当、与实际相联系的问题，以及一些适当的新情境问题，通过示范、师生共同讨论，引导学生主动参与到问题解决的过程中来，丰富和发展对物理规律的意义建构。教师要认识到运用规律解决问题是一个长期的过程，要根据规律的重要程度以及问题解决的难度，与后续的习题教学、复习教学统筹规划，有序安排。

3. 规律教学的实施

新课程标准要求下的现代物理教学逐渐突出两大基本特征：探究性和建构性。探究、建构的教学模式可以有效地帮助学生变革学习方式，激发学生学习兴趣，促进学生主动性，培养学生收集、分析、处理信息的能力，提高学生合作意识。同时，探究、建构的教学模式也改变了教师的教育观念和教育行为，深化了新课程改革。

三、物理实验课教学设计

随着新课程改革的实施，实验教学遇到了新的问题。现有的物理课程标准（实验）没有具体规定哪些知识点需做什么演示实验、哪些知识点需做什么内容的学生实验，以及这些实验需要使用什么仪器、实验的总课时是多少等。这就给我们提出了一系列新课题，如怎样选择实验内容、怎样引导学生进行实验等。

（一）物理实验的目的

大学物理实验是高等学校理工科学生进行科学实验基本训练的一门独立的必修基础课程，是学生进入大学后受到系统实验方法和实验技能训练的开端，是理工科类专业对学生进行科学实验训练的重要基础。学生通过物理实验课的学习，不仅可以加深对物理理论的理解，获得基本的实验知识，掌握基本的实验方法，培养基本的实验技能，而且对培养其良好的实验素质和科学世界观等方面，都起着重要的作用。因此，学好物理实验课是非常重要的。

学习物理实验的目的：

（1）通过对物理现象的观察、分析和对物理量的测量，加深对基本物理概念和基本物理定律的认识和理解。

（2）培养与提高学生的科学实验能力。这些能力包括通过阅读教材和资料，能概括出实验原理和方法的要点，正确使用基本实验仪器，掌握基本物理量的测量方法和各种测量技术；正确记录和处理数据，判断和分析实验结果，撰写合格的实验报告，以及完成简单的具有设计性内容的实验等。

（3）培养与提高学生的科学实验素养。要求学生具有理论联系实际和实事求是的科学作风，严谨踏实的工作作风，主动研究的创新探索精神，遵守纪律、团结协作和爱护实验仪器及其他公共财产的优良品德。

（二）物理实验的教学功能

（1）培养学习兴趣。利用新奇有趣的演示实验，可以激发学生的新鲜感，培养学生初步的学习兴趣。例如，将气球压在钉子床上，使压力的作用效果实验奇妙有趣；吹乒乓球、声波的波形、声波传递能量等实验都能激发学生的学习兴趣。

（2）提供感性素材。通过实验展示物理现象和变化的过程，特别是学生日常生活中难以见到的或者是与学生经验相抵触的现象和过程，获得丰富的感性材料，为建立正确的概念、认识规律奠定基础。

（3）体验过程。体验性是现代学习方式的突出特征，通过实验进行的科学探究正是让学生自己动手实践，在实践中体验、学会学习，获得解决问题方法的一种新教学方式。通过科学探究，改变学生只是单纯从书本学习知识的传统方式，让学生通过自己的经历来了解知识的形成、发展和应用过程，从而丰富学生的学习经历，学习科学地研究问题和分析问题的多种方法，形成尊重事实、探索真理的科学态度。只有在反复经历了一定的过程后，才能真正掌握科学的方法。实验是培养学生能力的向导，通过实验可以培养学生多方面的能力，如观察能力、实验操作能力以及创新性思维能力和实践能力等。

（4）学会合作。交流与合作是非常重要的，而物理实验能够为生生、师生的合作交流提供广阔的空间和舞台。把物理实验仅仅作为一种教学手段或作为理论知识教学的辅助工具是远远不够的，物理实验在进行实验知识教学、技能教学和素质教学方面有其自身丰富的内容，因此物理实验应当在教学目标和教学质量评估等方面有所体现，并要具体落实到教学措施和各个环节中。

（5）接触科学真实。接触科学真实就是要在物理学中让学生像科学家那样亲自去探索科学原理。物理教学应在教师指导下，让学生去实践、去探究，自己去获得结论，这就是让学生接触科学真实的具体体现。

（6）培养科学精神。实验是科学的研究方法，要求学生具有实事求是、认认真真的科学态度，尊重客观事实，忠于实验数据，不能有丝毫的弄虚作假行为。同时，实验要求学生善始善终，具有不怕挫折、坚韧不拔的追求科学的精神。通过不断地进行科学探究，学生逐渐形成严肃认真、实事求是、尊重客观规律的良好思维品质，这些只靠课堂上老师的一味讲解是绝对不可能实现的。

（三）物理实验教学的基本程序

物理实验是学生在教师指导下独立进行和完成的。每次实验学生必须主动、努力、自觉地获取知识和实验技能，绝不仅仅是测出一些实验数据。如果还能进一步去领悟实验中的物理思想方法，那将受益更大。要达到物理实验课的预期目标，就必须做好物理实验课的三个环节。

1.课前预习

每次实验能否顺利进行并有所收获，很大程度上取决于课前的预习是否认真和充分。预习时要仔细阅读教材，明确实验要求，理解实验原理和方法，了解实验内容以及实验仪器的工作原理和使用方法。有条件的话，可到实验室针对所使用的仪器进行预习，并了解注意事项。最后在阅读理解的基础上，写出书面预习报告。预习报告的内容包括实验名称、实验目的和要求、实验原理和公式（简述）、实验内容、数据记录表格等，对于不清楚的问题也可写上。

2.课堂实验

这是实验课的主要环节。到实验室后要遵守实验室的规章制度，不会用的仪器不要乱动。

实验开始前，教师一般会做简要讲解。应认真听，领会重点、难点，对实验中的注意事项以及容易失误的地方要特别注意。

实验时，首先安排好仪器的位置，以方便操作和读数为原则，合理布局。其次是对仪器要进行必要的调节，如水平调节、垂直调节、零位调节、量程选择等。调节时要细心，切勿急躁。测量中碰到问题，自己先动脑筋，实在解决不了，请老师帮忙解决，对电学实验，连好线路后先自查，再请老师检查，正确无误后才能接通电源。

测量时，应将数据整齐地记录在数据表格中，应特别注意有效数字。环境条件（如温度、气压、湿度）也要一一记录。实验中遇到异常现象也应记录，以便进行研究和分析。测量结束后暂不动仪器，请老师检查数据，如有错误和遗漏，则需要重做或补做。待老师在原始数据上签字后，再整理好仪器离开实验室。

3.实验报告

书写实验报告是为了培养学生以书面形式总结工作和报告科学成果的能力。实验报告要求文字通顺、字迹端正、数据完整、图表规范、结果正确。实验报告要用学校统一的报告纸撰写，要求字体工整、文理通顺、图表规矩、结论明确。实验报告包括以下内容：

（1）实验名称、实验者姓名、实验日期。

（2）实验的目的和要求。

（3）实验原理和公式。简明扼要，注重物理内容的简述，数学推导从简。以自己做完实验之后的理解进行整理，不要照抄教材。

（4）实验仪器型号、参数。

（5）实验内容及仪器的主要调节。按实验内容写清实验的主要步骤，以及观察到的物理现象、采用哪些实验方法测量了哪些物理量。

（6）数据记录与处理。将原始记录数据转记于实验报告上（原始记录也应附在报告上，一齐上交，以便教师检查）。数据处理要写出数据计算的主要过程，且对结果要进行误差分析；绘制图表时要规范、正确。

（7）讨论分析。对影响本次实验的主要因素进行讨论，应采取哪些措施以减小测量的不确定度。对实验观察到的现象给予必要的解释，对实验有何建议、有何体会，最后回答必要的思考题等。

（四）物理实验的主要方式

物理实验主要有演示实验、边学边实验、学生分组实验和课外实验四种方式。

第一，演示实验。演示实验是指在课堂上主要是由教师操作表演的实验，有时候也可以请学生充当教师的助手，或在教师的指导下让学生上讲台进行操作。演示实验作为教师的示范表演，应在科学探究方面起表率作用，渗透科学探究思想教育。在课堂教学的不同阶段，演示实验所起的作用各不相同。在引入新课时，可以选择有趣、新奇的演示实验，以创设生动的科学探究情境，激发学生的探究欲望；在物理概念、规律教学中，可与学生共商演示实验方案，为探究提供丰富的感性素材，使学生形成鲜明的物理表象；针对学生的前认知，展示与学生经验相抵触的实验现象，激发他们的认知冲突，将其转化为探究的动力。

第二，边学边实验。边学边实验是指学生在教师的指导下边学习、边做实验的课堂教学形式。在传统的物理教学中，通常会安排一些以验证性实验为主的学生分组实验（如验证机械能守恒定律），这些实验着重于提高学生对物理知识的理解，训练学生运用仪器和处理实验数据的能力。在实验的教学处理中，教材把实验目的、器材、原理和步骤等都做了规定，学生只是照章办事，难以体验探究的生动过程，难以体会实验设计中的科学思想和方法。边学边实验不仅能活化学生学到的物理知识，而且能引导学生像物理学家那样用实验方法得出物理结论，让学生从中学习科学的研究方法。在新课教学中，教师可以根据教学内容的需要，为学生提供一些实验器材，让他们通过自己的实验探究来学习知识。边学边实验不仅能够调动学生的积极性，突出学生在课堂学习中的主体作用，避免出现满堂灌讲授的教学现象，还能提供更多的机会来训练学生的实验技能和科学研究方法。另外，学生进行课堂实验探究过程，是在教师设疑、启发和引导下进行的，能有效地培养学生的思维能力和创造能力。

边学边实验是物理课堂教学的一项改革。这种教学形式的运用场合可以是让学生初次认识和使用某个实验仪器，也可以是通过再现某个实验现象和事实来说明物理概念，或者是让学生通过实验探究得出物理规律等。由于学生动手做实验不可能都能顺利进行，于是要求教师课前做好充分的准备，精心设计可预见的教学环节。教师对实验难度的大小、仪器的安全和复杂程度等方面都要有选择性，在课堂上要恰当地掌握实验时间，发挥教师的应变能力，以便更有效地完成教学任务。

目前，物理课程的教学目标加强了对学生科学探究能力的要求。不同版本的物理教科书在内容安排上，都充分考虑了学生的课堂探究实验，让学生在实验探究过程中学习知识，培养能力。课程改革的教学实践表明，对于理论课教学中所涉及的简易实验内容，教师采用引导学生边学边实验的方法，是一种极为有效的教学方式。

第三，学生分组实验。分组实验是指在教师的指导下，学生整节课时间都在实验室里做实验的教学形式，又称实验课。学生分组实验是由学生操作仪器、观察现象、测量和记录数据以及处理实验结果的过程，学生在教师的指导下独立获得物理知识和实验技能，它是学生能够在知识和能力、过程与方法、情感态度与价值观三个维度上得到综合训练的重要途径之一。

第四，课外实验。课外实验一般是指按照教师布置的任务和要求，学生课外利用一些简单的仪器或自制器具独立进行观察和实验的活动。课外实验可以扩大学生的知识领域，使学生将自己所学的理论知识联系生活实际。同时，也可以培养学生的独立工作能力和运用知识的能力。开展课外实验成功与否的关键在于有效的组织安排。教师应该要求学生写出观察和实验报告，培养学生严肃认真的科学态度，通过各种活动形式对学生课外实验进行评价，不断深化和丰富课外实验成果。

（五）物理实验须知和守则

为了培养学生良好的实验素质和严谨的科学态度，保障学生的人身安全和实验课的正常秩序，特做以下规定：

（1）每次做实验的前一周按老师要求的时间，到实验室进行 1 小时的实验预习，并在下周实验课之前写好实验预习报告。预习报告按教材中的要求完成，没有预习或预习不好的，实验教师可做出处理决定，甚至不允许做实验。

（2）迟到 15 分钟以上或无故旷课的，不能做实验，本次实验以零分计，不再补做。若有事或生病，要有证明而且要在做实验前与实验课老师取得联系，安排补做，否则，不予安排。

（3）实验时要带预习报告和上次实验的实验报告，缺一不能做实验。

（4）实验的原始数据由教师核查、签名后有效。交报告时将原始数据附在报告中。实验完毕要整理好仪器，打扫完卫生，方可离开实验室。

（5）做电学实验时，电表电压先调至"0"，所有开关全部断开，然后接原理图接线，接好线路后先自查，再请老师检查，正确无误后方可通电。

（6）每次实验成绩实行百分制。预习 15 分，实验操作 40 分，实验报告 45 分。

（7）学期末实验课的总成绩为"平时成绩（60%）+考试成绩（40%）"。

（六）物理实验教学的新趋势

近年来，物理实验从内容到形式都发生了较大的变化，呈现出以下一些新的变化趋势：

（1）微型化。微型化实验同常规实验相比，具有仪器简单、材料少、省时省力、现象明显的特点。微型实验的器材来源广泛，学生实验时可以人手一套。在实验教学中，学生通过自制仪器和动手做实验，既训练了动手能力，培养了创新思维，又增强了自信心，体验了成就感，较强的参与意识及微型实验内在的魅力，激发了学生进行物理实验的兴趣。由于微型实验一般源于生活、用于生活，能极大地激发学生物理学习的兴趣，有效提高课堂教学的质量。

（2）趣味化。物理实验具有动机功能，可以激发学生的物理学习兴趣，这是人们的共识。人们创设了"趣味实验"这一新的物理实验形式，并注意积累、总结、梳理已有的一些做法，使趣味实验系列化、多样化。如有关"热"的实验：摩擦生热、纸盒烧水、温水沸腾、压缩点燃等，既易做，实验效果又明显，趣味性很浓。

（3）生活化。现代社会的文明进程与物理学的发展息息相关，人们本身就生活在物理世界之中。因此，贴近生活、贴近社会成为物理实验教学改革的出发点和落脚点。为此，人们创设了一些新的物理实验形式，如"生活中的物理实验""家庭小实验"等，使学生认识和理解物理科学对个人和社会的作用和价值，在潜移默化中对学生进行"科学的生活"和"生活中的科学"教育。

四、物理习题课教学设计

习题课教学是物理教学的重要形式之一，可以帮助学生巩固、深化所学的物理概念、规律，提高学生解决物理问题的能力，增强解题的自信心。一般而言，物理习题课安排在重要物理规律建立之后或某一单元新课教学完成之后。

物理习题课的教学设计必须要精选习题，习题的编排要有层次性、连贯性。教学中要做到讲练结合，注重培养学生的思维方式和解题方法，注重让学生获得成功的体验和调动学生学习的积极性。

（一）习题课教学的目标

第一，帮助学生理解基本概念和掌握基本规律。对于物理学中的许多基本概念和规律，学生的理解往往停留在字面上，这样就难以深入透彻地理解和掌握知识。若恰当地组织学生解答一些相关的习题，他们就会综合已有的知识寻找各个概念和规律之间的区别和联系，进一步了解这些物理概念的内涵和外延，以及物理规律的内容和适用条件。

第二，培养学生的判断、推理、分析和综合等能力。学生的能力只能在他们自己学习、探索的过程中逐步培养。解答物理问题的过程就是学生独立学习的过程，在这个过程中，他们获得了思考问题、处理问题的某些思想方法，培养了终身受用的学习能力。

第三，帮助学生加深和扩展物理知识，理论联系实际。物理习题涉及的内容是非常丰富和广泛的，在解答这些习题的过程中，学生自然而然地拓宽了知识面，并不断地把掌握的理论知识应用于各种实际问题中，实现理论联系实际。

（二）物理习题教学程序

物理习题教学是在新课教学之后，为使学生的物理知识与技能得到巩固、深化和灵活运用的教学过程，是保障学生学习过程完整化的不可或缺的教学阶段。但是，在应试教育中，习题教学已经演变成对学生进行机械的强化训练的手段，严重降低了习题教学的效果，影响了学生的身心发展。因此，探求新课程下习题教学的育人功能、教学方式以及新的习题类型，势必成为物理教学研究与实践的重要课题。习题课教学一般按下列程序进行：①复习旧知识；②教师示范举例或组织学生讨论；③学生练习；④作业评讲。

（三）物理习题课的要求

（1）物理问题要精心选编、努力创新、联系生活实际。应该把物理问题解决教学与现代物理知识、科技发展前沿、最新科技成果联系起来，跟上社会的发展脚步，体现物理问题解决教学的时代性，促进学生关注物理学知识的应用所带来的社会问题。借助信息技术可以扩大课堂的信息量，反映物理原理对自然现象、科学技术和社会生活中物理问题的科学解释，反映物理知识在生活中的广泛应用，促进学生把所学到的物理知识与在周围环境中得到的感性认识相联系，加深其对物理知识的理解，提高学生的科学素养以及应用物理知识的能力。此外，物理教学中为了方便解决问题，常常把实际生活中的物理对象理想化、抽象化，如一辆车、一个木块、一个球等，一般都理想地抽象为质点来处理。然而如果是"一辆乘坐 5 人的大众牌轿车"或者是"一位同学的自行车"，那么显然比"一辆车"更贴近学生的生活。与传统的那种子弹打木块、木块在小车上运动等之类的题目相比，问题生活化既有利于培养学生的抽象思维能力，又能够增强物理问题解决教学的实用性、趣味性。选择恰当的问题是物理问题教学的首要环节，问题的质量是决定教学质量的最重要因素，在选择物理问题时应精心选编。

（2）进行解题指导。物理问题的类型很多，每种类型都有一定的思路和方法，我们既要训练学生解决问题的思路和方法，又要使学生按照一定的步骤规范解决。若不注意训练学生解决问题的思路和方法，学生可能出现不熟悉解题规范、未经充分分析题意就急于解答、不复核算出的结果等问题。在运用概念和规律解决问题时，最重要的起始环节就是确定研究对象。当所要解决的问题与研究对象有直接联系时，确定它比较容易，否则需要通过转换研究对象来求解。若找不到合适的替换方案，思维过程就会出现障碍。因此，在教学中，要注意培养学生善于寻找替换方案，及时扫除思维障碍的学习习惯。

（3）练习要循序渐进，符合学生认知发展的特点。在教学过程的不同阶段，应根据学生掌握知识的实际情况选择不同难度的物理问题。例如，新授课上的练习及课后作业应选择一些基本的问题进行训练，以巩固学生所学知识；章末或期末复习中则可以安排一些能深化、活化学生所学知识的问题，难度可以稍大些，有一定综合性、灵活性。

（4）物理问题解决过程要注重培养学生的信息素养。21 世纪是知识经济和信息高速发展的时代，人们不可能获得所有的知识和信息，只能选取所需的有效的信息，因此，教师在物理问题解决教学中可以通过多种方式或方法，引导学生从问题的已知条件中提取有用的信息，培养学生提取信息、加工信息的能力。例如，多给已知条件，让学生选择正确的、最简便的或最佳的解题途径，敢于舍弃多余条件；少给已知条件，让学生通过实验、查阅相关资料等间接途径、方法或者自己创设条件来完成问题的解答；创设隐含条件，让学生通过对题意的领悟，发现解决问题的突破口。这样，通过变化问题的条件，增加问题的迷惑性和趣味性，鼓励多方面探寻解题办法，锻炼学生处理信息的能力。

（四）物理习题创新设计方法

1. 物理信息题的编拟

在实际的教学中，广泛搜集信息进行信息题编拟的方式有以下几种：

（1）充分利用物理学历史。物理学史中有大量的信息可供我们编拟试题选用，这类习题既有助于培养学生的科学态度和科学精神，又有助于帮助学生认识物理知识的形成过程，发展学生的学习能力。

（2）注意科技发展的最新成果。科技发展的最新成果最能体现物理知识的应用价值，把这些科技成果与物理知识建立联系，设计问题，既有助于培养学生运用物理知识解决实际问题的能力，又有助于培养学生学以致用的良好学习习惯。

（3）关注国内外大事。从电视、报纸、网络中搜集到相关的详细内容后，进行提炼、加工，然后与高中物理中的主干知识建立联系，从不同角度、不同层面设计问题。这些问题能够培养学生处理信息、运用物理知识解决实际问题的能力。

2. 设计开放性问题的基本方法

随着教育观念的转变，人们对有利于促进学生思维开放和能力提高的开放性问题的讨论和研究逐渐重视起来。所谓开放性问题，是指客观表现为答案情况有分叉、有开口，或至少是答案的可能情况不确定、不唯一的问题。在课堂教学中设计好开放性问题，使学生的思维活动有充分自由的空间，有助于学生思维的开放，提高学生的科学素养和培养学生的创造性思维能力。在物理习题教学中常用到的设计开放性问题的基本方法有以下三个：

（1）条件开放型问题的设计。教师在教学中可以就某一物理问题的信息源为扩散点，多角度地创设情境和开放条件，引导学生变换思维触角，进行多途径、多方位的思考，使多个知识点能在具体的物理问题中互相沟通和综合。

（2）策略开放型问题的设计。物理问题往往具有不同的探索思路和途径，具有多种不同的解答方法，这为策略开放型问题的设计提供了广泛的素材。启发和鼓励学生进行求异思维，引导学生从不同的角度和途径去分析和解决问题，并通过对同一问题不同的探索思路和解答方法进行比较分析，促进学生思维的优化，是设计策略开放型问题的目的。

（3）结论开放型问题的设计。结论可以是唯一的，也可以是开放的。在习题教学中，给定问题情景，要求探讨尽可能多的结论，即模糊问题中的所求，可使题目具有开放性。

在教学中，教师也可尝试开放性题目的设计，如学习"远距离输电"时，教师可以给予学生充分的条件，让学生寻找输电线路损失功率的不同形式的表达式，可以使学生广开思路，从不同侧面、不同的相互关系中获得不同结构形式的结论，实现对知识的融会贯通和灵活运用。

五、物理复习课的教学设计

复习课的目的是要对已学过的物理知识进行总结，帮助学生建立系统化的知识网络。一般来说，学生掌握知识需要经过领会、巩固、应用这三个既相互联系又相互区别的环节。达到这一目标的方法就是复习，复习与习题教学有一定的相似之处，但也有自身的特点。

（一）物理复习课的教学目标

物理复习是指在学生学完相关知识后，指导他们进行知识和方法的整理，进一步理解和掌握知识之间的联系，灵活运用各种方法来提高自己解决物理问题能力的过程。因此，教学目标的定位准确与否，直接影响着复习的效果。

定位偏低，会导致低水平的重复；定位偏高，会增加学生的负担，甚至会打击学生的学习积极性。另外，复习面太广，面面俱到，反而面面不到。由此可见，提高复习课的效率关键在于教师对学生知识掌握程度的准确把握。因此，复习课要求做到准确出击、逐个突破，这应是当前阶段制定教学目标的策略。

（二）物理复习课教学的基本要求

（1）精心设计复习方案。以总复习为例，既要覆盖面广，又要突出重点；既要查漏补缺，又要综合提高。这就要求教师事先一定要做好周密细致的准备工作，制订好复习计划，对复习课做好精心设计。

（2）精选题目。复习时要避免用烦琐、枯燥无味的内容消耗学生宝贵的时间和精力，要精选题目和内容。复习内容的选定，不应使学生停留在现有发展水平上，而应向最近发展区过渡，即复习的内容要有一定难度，对学生提出较高要求，促进其发展。

（3）突出重点。复习不应是对所学知识的简单重复，教师要在认真钻研教材、参阅有关资料和充分了解学生的基础上，突出复习的重点和关键，不断地变换表现形式，不是机械地重复知识。

（4）知识系统化。在新授课上，物理概念和规律都是一个一个学的，这不利于学生记忆和使知识系统化。通过复习，教师要帮助学生把知识整理成稳定而清晰的结构体系，使知识系统化。

（5）调动积极主动性。复习课涉及的内容多数是学生学习过的，如何调动学生学习的积极主动性就成为一个重要问题。在复习课的教学中，可以引导学生探究知识的内在联系，充分发挥学生的主观能动性，让学生设计出所复习单元的知识结构图后进行比较，可以让设计有特色的学生到讲台上展示和讲述，教师引导其他同学通过辩论等方式进行评价、补充和完善。

（6）安排适时。由德国心理学家艾宾浩斯发现的遗忘曲线可知，遗忘的过程是先快后慢，是一种普遍的自然现象。因此，教师应按照遗忘的规律安排复习，即先密后疏。经过多次刺激，新知识在大脑皮层上就能留下较深印迹。

（三）物理复习课常用的方法

采用什么样的教学方法进行复习，应该根据教材内容的特点和学生对知识的掌握情况来确定。例如，对于一些易混淆的概念采用对比复习法，对于重要知识点而学生掌握得不够好可采用复现复习法等，总而言之，要选用讲求实效的复习方法来达到复习教学的目的，以下是物理复习课常用的几种方法：

（1）对比复习法。对于易混淆的物理概念和物理规律，诸如速度变化量与速度变化率，动量与动能，动量与冲量，温度、内能与热量，电势、电势能与电动势，动量守恒与机械能守恒，等等，通过对比，辨析不同概念和规律的特点以及相互联系，搞清容易混淆的地方，达到掌握的目的。

（2）提纲列表复习法。提纲列表复习法是把主要教学内容编制成提纲或列表，指导学生按提纲或列表内容进行复习，为此需要教会学生如何对知识进行正确的划分和归类。知识的划分与归类也应该具有一定的逻辑性，逻辑划分必须遵循这样的规则：一是按同一依据划分；二是子项的外延总和必须等于母项的外延总和；三是子项必须互相排斥；四是不能越级划分。

（3）复现复习法。对于重点章节内容的复习可以采用复现复习法，教师引导学生回忆思考某教学单元的主要内容。随着复习回忆，教师和学生共同完成主要内容的总结。应用这种复习方法，使用多媒体教学，通常能获得较好的教学效果。

（4）组题复习法。组题复习法要求由教师认真地选择彼此独立而又有联系的题目组成一套练习题，它大体上能覆盖本章节中的物理概念和规律，在引导学生解答这组习题的过程中，有意识地复习并突出有关概念和规律。

（5）实验复习法。根据学生的心理特点，设计恰当的实验不仅能有效地引导学生复习有关的物理知识，有利于激发学生的学习兴趣，还能进一步训练学生观察和实验的能力，让学生在亲自观察实验的基础上回忆、领会和验证学过的内容，并获得深刻的印象。作为物理教学重要内容的实验知识、技能本身也需要复习，这就必须采用实验复习法，教师可以适当引导学生设计一些小探究实验来验证所学过的知识。

（6）归类复习法。将所学内容按知识的性质来划分，同一类的知识归并在一起进行复习。例如功和功率，将机械功、电功及其功率一起复习，此法可用于专题复习。

（7）知识结构复习法。以知识结构理论为指导，通过复习使学生掌握所学内容的基本结构。

最后，复习方法和形式应该是多种多样的，它们各有所长、各有所适。应该根据教学内容和学生的情况选择适宜的方法，在多数情况下应交替使用各种行之有效的方法。

第四节 物理教学说课设计

"说课"是在教学设计的基础上派生出来的一种教研活动形式。说课不仅要说设计，更要说设计的理论依据，它能促进教师提高理论指导实践的意识和水平。说课不仅要阐述教学的过程，而且要与同行或专家进行互动与交流，反思教学的问题，并探索改进教学和提升教学有效性的途径和方法。实践证明，说课活动对于教师提高教学智慧具有重要的作用。

一、说课概述

（一）说课的内涵与特点

所谓说课，就是教师口头表述具体课题的教学设想及其理论依据，也就是授课教师在备课的基础上，面对同行或教研人员，讲述自己的教学设计，然后由听者评说，达到互相交流、共同提高的目的。通俗地讲，说课其实就是说说你要教什么、是怎么教的、为什么要这样教。

说课是一种说理性的活动。说课，不能简单地停留在对教学设计或教学实施的描述与预测上，重要的是要解释教学设计或教学实施的原因与理由。说课，要明确地阐述教学设计所依循的实践或理论凭据，这样才能真实地传递说课者的教学设计思想，为进一步的交流学习打下基础。通俗地讲，就是说课不仅要说"怎么教"，还要有理有据地讲"为什么这样教"。

说课是一种同行交流经验的教研活动。说课，是说自己对教学设计或教学实施的认识。这种认识只有通过说课者对课程标准、学习任务、学习者、自身教学能力等多方面因素的综合考虑之后才能得出。说课名为"说"，其实也是一种"研究"，并且要将研究结果向他人呈现出来，进行交流。因此，说课多采用面向同行报告式的陈述语言，而不采用面向学生启发引导式的教学语言。

说课具有简便、灵活的特点。说其简便，是指说课对教学资源的要求不高，几个人在一起花上几十分钟，就可以完成一次说课与评价交流；说其灵活，是指可以根据实际的需要调整说课的方式与内容，而不一定是对一节课进行完整的论说。例如，有时可以说"如何创设教学情境"，有时可以说"某道物理习题意图与价值"等。

（二）说课的类别

说课，作为教学研究活动的一个有机组成部分，因活动的目的、要求不同，常有不同的分类方法。宏观来分,可以分为学科课程、课程标准、学科教材和课程资源利用等。具体来分,主要是说课堂教学实施过程的设计策略和流程。说课可以细化为几种基本的类型:从服务于课堂教学的先后顺序来看,说课可以分为课前说课、课后说课。课前说课是在备课后上课前进行的,这种说课在描述和解释教学设计的基础上,还要注重对课堂教学过程与结果的预测。通常提到"说课"而不加特别说明时,就是指这种课前说课。课后说课是在上课后进行的,除了阐述教学设计和过程外,它还特别注重对上课的反思,包括教学策略运用的效果、对原教学设计意图的达成情况、原教学设计的不足及改进的措施等。根据说课的具体目的,说课可以分为研讨型说课与展现型说课。研讨型说课重在"研讨",说课者与听说者围绕教学设计,对学前分析的准确性、教学理念的先进性、教学内容的适当性、教学方法的合理性、教学手段的针对性等多个方面或其中的某个方面展开研讨,以达到加深教学认识、完善教学设计的目的。所选择的研讨点通常要么是有争议的,要么是有特别价值的。展现型说课则重在"展现",说课者展现自己对教学设计或说课规范的把握,听说者通常以学习者、评价者、仲裁者或考核者的面目出现。展现型说课在具体的组织形式上,可以是在充分准备基础上的"胸有成竹"的说课,也可以是几乎无准备时间的"即兴演讲"式的说课。

二、物理教学说课的内容与过程

下面主要对课前说课的基本内容和过程做一简明介绍。

(一)点明课题

开门见山地直接点明要说的课题,它主要包括以下几方面的介绍:

一是课题及章节,包括课题名称,课题取自什么教材的第几章第几节。

二是课的类型,它是概念课还是规律课,是新授课还是复习课,是讲授课还是实验课等。

三是上课的对象。

四是课时,即一课时还是二课时,等等。

(二)说教材、学情、目标与重难点

(1)说教材。教材是教学大纲的具体化,是教师教、学生学的具体材料,因此,说课首先要求教师说教材。分析教材应从以下三方面来分析:一是教材的前后联系和所处的地位;二是教材的内容和作用;三是教学重点、难点等。必要的时候,还要对教材进行一定程度的调整与改编,并说明这种调整与改编的理由与依据。

(2)说学情。分析学生认知水平、思维能力、学习风格、个性特征、学习动机、学生习惯等方面的特征;特别要说明学生对相关内容学习时的准备情况,如学生已有的

知识、能力水平、学习情绪等。在说课中，要注意结合具体的学习任务和学生，有针对性地分析学情，而不是停留在笼统、抽象的论述上。

（3）说目标。说教学目标，一要注意教学目标内容的全面性，要在教学内容和学情分析的基础上，全面地阐述知识与技能的目标、过程与方法的目标、情感态度与价值观的目标；二要注意教学目标的全体性，所定的目标要与绝大多数学生能够达到的水平相适应，要考虑包括中下水平在内的全体学生的接受能力；三要注意教学目标的层次性，知识与技能、过程与方法、情感态度与价值观三个维度的目标都有不同的层次，如知识与技能的目标有"识记""理解""运用"等层次的目标，要根据教学课题与学生实际，适当地制定教学目标。说教学目标切忌脱离课题和学生，说大话，说空话。

（4）说重点和难点。一是要说哪些是重点和难点，物理基本概念规律、重要的技能、能力和方法、科学的态度和情感等物理学精髓常常是教学的重点，而物理学中比较抽象的、远离学生生活经验的、逻辑与推理比较复杂、过程比较烦琐的内容则往往是教学的难点；二是要说明它们为什么是重点或难点，所依据的理由往往可以从内容本身的特点、学生的接受能力等方面出发进行阐述；三是要说清重点如何突出、难点如何突破。

（三）说过程

说教学过程是说课的重点部分，因为通过这一过程的分析才能看到说课者独具匠心的教学安排，它反映了教师的教学思想、教学个性与风格。只有通过对教学过程的阐述，才能看到其教学安排是否合理、科学和艺术。教学过程要说清楚下面几个问题：一要说教法与学法，即每个环节中师生双方的主要活动，包括教师的创设情境、引导、应变、板书、呈现、布置作业等教学行为及意图，以及预期学生相应的观察、提问、猜想、设计方案、实验、推理、评价、交流等学习活动及意图。二要说手段，即采用哪些教学手段，采用这些教学手段的理论和实践依据是什么。教法、学法和手段的选择和运用，一般可以从现代教学思想、课程理念、有效教学理论中找到理论依据；另外，还要结合对具体教学内容、教学对象、教学任务的分析等找到实践依据。三要说检测预期教学目标的达成途径，如何检查知识目标的达成、如何检查能力目标的达成、如何检查态度情感目标的达成等。

说过程，要从教学内容与学生实际出发，结合重点与难点的突破，围绕教学目标的达成，简明扼要地论述，切忌流水账式的陈述。

最后展示板书设计。

（四）说整体设计

说整体设计，一要说教学设计的总体思想。这种设计的总体思想可以反映出说课者教学思想与理念的先进性和针对性，它主要是在学习和领悟物理课程目标、物理课程基本理念、物理探究教学理论和其他现代教学理论的基础上，通过实践反思形成的说课者教学智慧，对具体课的设计具有决定性的指导作用。如"自主、探究、合作"学习理论常常成为许多物理课设计的理论依据。二要说教学的程序与环节。教学程序与环节既是教学设计思想的具体化，又具有一定的概括性，应当结合具体课题的性质来确定这种程序与环节，如对探究性课题可以分为创设情境、提出问题、启发思考、实施探究、交流评价；对复习课则可以分为知识回顾、典型例题、总结归纳，等等。

三、物理教学说课的原则

按照现代教学观和方法论，成功的说课应遵循如下几条原则：

（1）说理精辟，突出理论性。说课不是宣讲教案，说课的核心在于说理，在于说清"为什么这样教"。因为没有在理论指导下的教学实践，只知道做什么，不了解为什么这样做，永远是经验型的教学，只能是高耗低效的。因此，执教者必须认真学习教育教学理论，主动接受教育教学改革的新信息、新成果，并应用到课堂教学之中。

（2）客观再现，具有可操作性。说课的内容必须客观真实、科学合理，不能故弄玄虚，故作艰深，生搬硬套一些教育教学理论的专业术语。要真实地反映自己是怎样做的，为什么这样做。哪怕是并非科学、完整的做法和想法，也要如实地说出来。引起听者的思考，通过相互切磋，达成共识，进而完善说课者的教学设计。说课是为课堂教学实践服务的，说课中的一招一式、每一环节都应具有可操作性，如果说课仅仅是为说而说，不能在实际的教学中落实，那就是纸上谈兵、夸夸其谈的"花架子"，使说课流于形式。

（3）紧凑连贯，简练准确。说课的语言应具有较强的针对性，语言表达要简练干脆，不要拘谨，要有声有色、灵活多变，既要把问题论述清楚，又切忌过长，避免陈词滥调、泛泛而谈，力求言简意赅、文辞准确，前后连贯紧凑，过渡流畅自然。说课是教学研究的重要内容，是提高教师课堂教学水平、教学质量的重要途径之一。要说好课，教师必须认真钻研教材，通读课标，研究学生，精心设计教学过程。

四、物理师范生说课的常见问题和应对策略

（1）在说课时只注重教学过程的简单再现，而忽视其理论分析。有些人说课会将大部分的时间和内容都用到"描述物理教学过程"上，而缺乏对"物理教学过程的理论依据"的阐述，有时则把"教学设计的意图"当成了"教学设计的理由"。这个问题的主要原因是说课者的教育理论尚未达到能指导教学实践的水平。

（2）在说课时脱离具体教学任务的实际，牵强附会地讲一些空泛的理论。这种说课将大量的时间花在阐述一些教学新理念和新理论上，忽视了对具体教学任务的分析以及理论与实践之间的整合，所以常常表现出理论上张冠李戴、认识上肤浅表面、内容上空洞无物。

（3）在说课中简单地罗列各项说课内容，而忽视对这些内容的逻辑关联。有的人没有进行"学前分析"和"教材分析"就先说"教学目标"；有的人制定的教学目标与学情、内容之间没有明确的关系；教学也没有紧密地围绕教学目标与重难点的突破来展开等等。说课的各个环节从总体上看有一个逻辑关联，如果不注意，仅仅说具体环节，则要么顾此失彼、丢三落四，要么逻辑混乱。

（4）在说课过程中还表现出对教材整体把握不到位、重难点关键点处理失当、不能很好使用各种教具媒体、缺乏对实验教学的关注、混淆说课语态与授课语态、滥用乱用教学方法等诸多问题。

解决上述问题，一是要加强教育理论的学习与教学经验的反思，提高教育理论指导教学的意识与能力，这是说好课所必需的。二是要加强说课的学习，对有经验教师或优秀教师的说课进行观摩学习是新手快速学会说课的途径。这种学习是一种研讨性的学习，也就是新手要参与到说课的教学设计的研讨之中。三是加强说课的练习并虚心向他人讨教。只有这样，才能不断地提高教学设计和说课的水平。

第七章 基于物理文化角度进行物理课程教学设计

教学设计是为了提高教学效率和教学质量，使学生在特定时间内能够学到更多的知识，更大幅度地提高学生各方面的能力，获得良好的发展。因此，教学设计实际上是一个复杂的系统过程。本章不再具体讨论教学设计的各个环节，仅仅讨论如何从物理文化系统中选择相应的教学内容并进行有效加工的可行思路。另外要指出的是，我们倡导的设计方法主要是对教学内容进行历史、整体和综合的把握，由于教学时间和教学内容等原因，大多数情况下，这种设计结果不能完全体现在某一节课中，往往需要通过一个序列（多节课）的教学才能完成，但这不会削弱这些设计方法的作用。以下我们将讨论三种设计思路："准历史"法的设计思路、"物理文化结构"的设计思路和"平行性"的设计思路。

第一节 "准历史"法的教学设计思路

在 2001 年颁布的《义务教育物理课程标准（实验稿）》和 2003 年颁布的《普通高中物理课程标准（实验稿）》中，分别将"了解物理学及其相关技术产生的一些历史背景，能意识到科学发展历程的艰辛与曲折……""了解物理学的发展历程，关注科学技术的主要成就和发展趋势以及物理学对经济、社会发展的影响……"列入了三维的课程目标当中，并且作为一种课程改革的重要思路和手段。这充分说明，物理教育界关于物理学史对物理教育的重要作用已经形成了一种共识：如果在物理教学中能正确恰当地运用物理学史，将会发挥非常重要的价值。而这些重要价值，正是我国物理教育中长期缺乏的和被忽视的。既然物理学史对物理教育的作用重大，如何将物理学史正确、有效地引入物理教学实践当中，建立什么样的教学模式才能发挥出物理学史的重要价值等，这一系列问题就变得十分现实和具体。在史学研究的启发下，我们提出"准历史"的物理教学设计方法，从理论上论证了这一方法的可行性，使物理学史与物理教学相结合既有理论基础可依，又能提供给中学物理教师一个易操作的教学设计思路和方法。

一、用"准历史"法进行物理教学设计的背景

"准历史"是近年来史学研究中提出的一个新概念，现在被广泛运用于历史教材编写中。它泛指编写教材时，在忠于历史事实、历史发展顺序的情况下，将史料进行组织加工，以服务于某种教学目的或逻辑思路的做法。将这种方法迁移到物理教学设计当中，可将与教学内容相关的物理学史料，尤其是对某一理论的形成起到启发、转折等关键作用的人物、事件（如物理实验等）和思想进行重新组织，尽可能使物理学史的发展逻辑与学生的认知过程相符合，使学生更容易理解和接受，并且能从这些历史事件中广泛吸取科学的思想方法和研究方法以及所蕴含的丰富的科学精神与人文精神。

应用这种教学设计方法，首先要求教师不仅对教学内容相当熟悉，而且对与教学内容相关的物理学史知识也要有足够的掌握；其次，教师在教学设计之前要对学生当前的认知结构以及认知水平有一定的了解，然后依据学生的认知特点，将教学内容融入物理学"准历史"过程中，从而使学生的认知过程与"准历史"过程达到某种契合。

二、用"准历史"法进行物理教学设计的理论依据

（一）皮亚杰认知理论

皮亚杰（J.Piaget）是 20 世纪认知领域最有影响的瑞士心理学家。他通过引进生物发生学的方法，深刻地分析了个体认识思维的结构和功能，并于 1972 年在《发生认识论原理》中阐述了认知的适应性和个体对世界模式的建构。

皮亚杰理论体系中的一个核心概念是图式。图式是个体对世界的知觉、理解和思考的方式。我们可以把图式视为认知结构的起点和核心，或者说人类认识事物的基础。因此，图式的形成和变化是认知发展的实质。皮亚杰认为，认知发展是受三个基本过程影响的：同化、顺应和平衡。就一般而言，个体每当遇到新的刺激，总是试图用原有的图式去同化它，即将新刺激纳入原有的图式时，若获得成功，便得到暂时的平衡，这时原有图式不会发生质的变化而只发生量的变化；如果用原有图式无法同化新的环境刺激，个体便会做出顺应，修改原有图式或重建以形成新图式，直至达到认识上的新平衡。平衡是指个体通过自我调节机制，使认知发展从一个平衡状态向另一个较高的平衡状态过渡的过程。平衡的这种连续不断的发展，就是整个认知发展的过程。

可将皮亚杰的发生认知理论用图示的方法做简单表达，如图 7-1 所示。

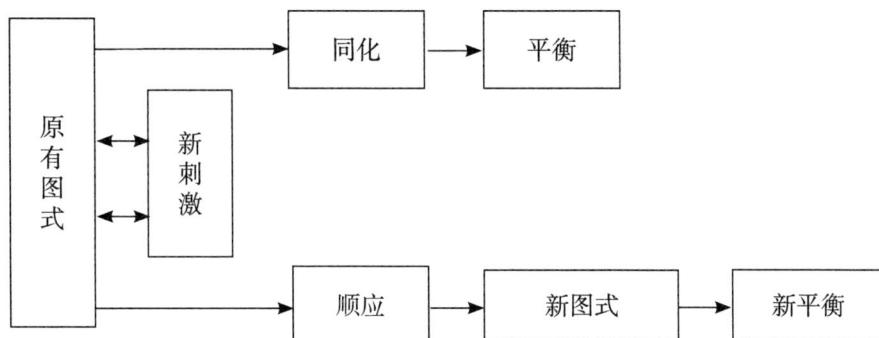

图 7-1　皮亚杰的发生认知理论

（二）科学革命理论

托马斯·库恩是美国当代科学史和科学哲学的带头人，他的《科学革命的结构》一书被认为是 20 世纪科学哲学的转折点。他的理论的主要特点是，强调科学进步的革命性质，这里的革命意味着放弃一种理论结构并代之以另一种不相容的理论结构。

库恩的科学革命理论中的一个重要概念是"范式"。在他的论述中，对"范式"的阐释是不确定的，比较模糊的解释是："范式"是一个科学共同体的成员所共有的东西，它代表着这一特定科学共同体的成员所共有的信念、价值、技术等构成的整体。

库恩的科学革命理论大致是：前科学—常规科学（原有范式）—反常—危机—科学革命—新的常规科学（新范式）。在前科学阶段，各种学派间激烈竞争，没有统一的观点。逐渐地某一种观点能更好地解释科学现象，就被更多的人接受，形成一种范式，科学逐渐进入稳定的常规科学阶段。在这期间，共同体在范式的指导下去解决各种难题，并在一定程度上完善该范式使其更精确。若有新问题不能被此范式解释，则称为"反常"，反常的积累会使危机出现并最终导致科学革命，结果会有新的范式出现代替原有的范式。可将托马斯·库恩的科学革命的结构理论简单表达成图 7-2 所示。

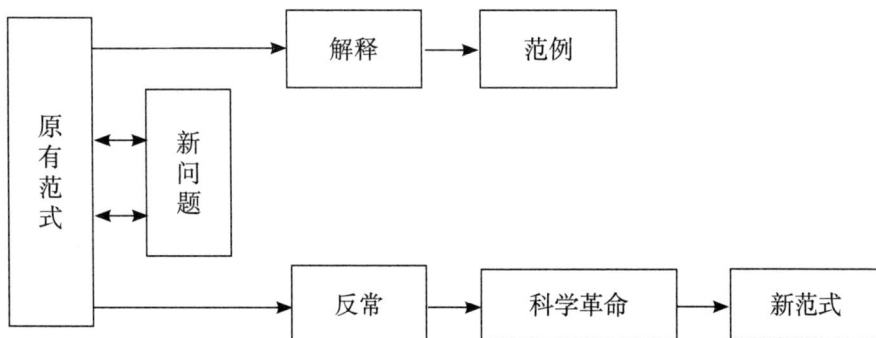

图 7-2　库恩的科学革命的结构理论

比较图 7-1 和图 7-2 可以明显看出，皮亚杰的学生认知发展过程和库恩的科学发展过程极其相似。由此我们至少可以得出这样一个有意义的结论：以物理学史的发展过程为线索来设计物理教学过程，能在很大程度上符合学生的认知发展过程，展现物理学史的教育价值。

这便是"准历史"法进行物理教学设计的理论依据。

三、"准历史"的中学物理教学设计方法及原则

按照上述讨论，物理学理论的发展历史基本符合学生认知发展的基本过程，因此结合教学目标进行"准历史"的课堂教学设计会带来非常好的效果。

（一）设计方法

教师在设计教学过程时，要在明确教学目标和教学任务、掌握学生当前认知结构的基础上，搜集与物理课堂教学内容相关的物理知识以及物理知识形成的历史过程，整合教学资源，形成教学过程。在整个教学设计中，教学目标和教学任务仍然是其出发点和归宿。

1.具体步骤

（1）将物理学理论（教学内容）的历史发展过程按"问题起源—提出假设—思辨以得出推论—实验或思想实验对推论进行检验—假设的修正及结论的推广"进行整理，以形成教学内容的"准历史"过程。

（2）将学生对物理知识（教学内容）的一般认知过程，即"对物理现象的观察—提出问题—假设或猜测—实验探索—结论及对认知过程的反思"，整合到已组织形成的教学内容的"准历史"过程中，形成具体的教学过程，其具体流程如图7-3所示。

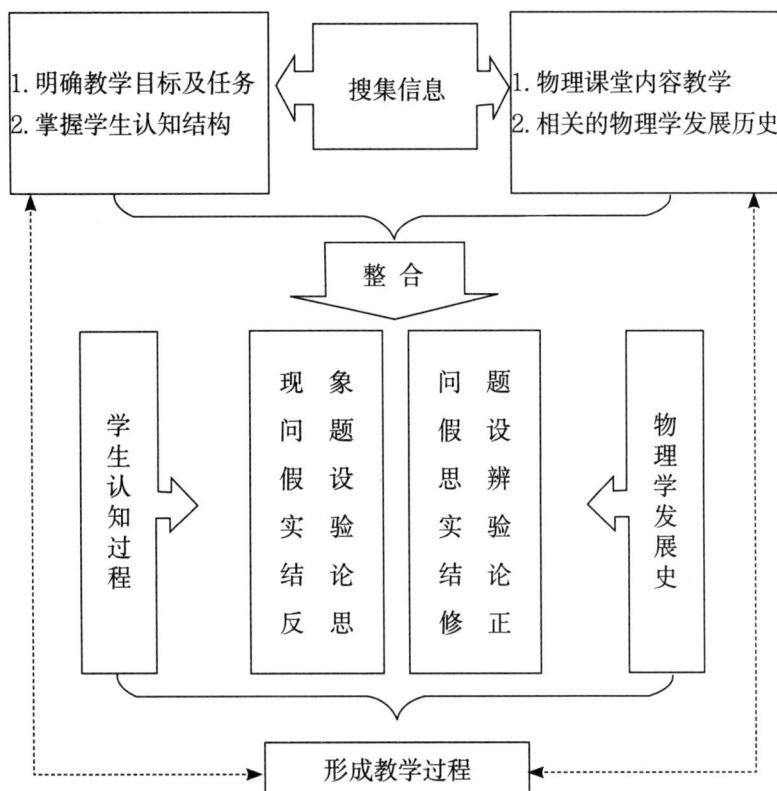

图 7-3　"准历史"教学设计流程

2. 三个重点

在设计过程中至少要能突出三个重点：第一，要突出物理科学发展中有争议的概念、定律、理论、实验以及革命性的理论替代过程，这正是学生最难接受、最易出错的地方，即教学的难点。例如，力与运动的关系中，亚里士多德及其同时代的人大都具有物体受力而运动、不受力则停止的错误认识，而学生在学习之前，由于生活经验，也同样会有这样的错误认识。因此，在设计时要将亚里士多德的错误认识、原因以及伽利略如何质疑、如何进行实验验证等展现给学生，使学生同样在认识上也经历从错误到如何突破错误、再到正确认识的完整的认识过程。第二，要尽量让学生亲自动手做那些对某一物理理论的形成起着关键作用的实验，如伽利略的斜面实验、光电效应实验以及 α 粒子散射实验等。第三，要尽量发掘和展现物理学丰富的人文内涵和物理学所蕴含的"文化故事"，使每个物理学家及其科学研究回归到人及社会实践意义上的"常态"，体现物理学的亲和力。

（二）"准历史"法的物理教学设计原则

1. 真实性原则

真实性原则是一条基本原则，是指物理学史教学要按照物理学发展的真实历史过程进行教学，绝不能虚构和歪曲历史事实。

现行的物理教材以及物理教学实践中，为了教学方便，在教材编写和教学过程中显示出某种严密的逻辑性，并使学生易于接受和记忆，会有意重构物理学史。教材编写者和教学实践者考虑的只是让物理知识被学生接受，而忽视了物理学历史的真实面貌，忽视了历史原貌的认识价值和教学价值。这种做法是极不恰当的，因为它向学生呈现出一幅错误的历史画面，而这无论是对学习内容的理解，还是对思想方法的获得，都没有好处，更严重的是容易使学生形成错误的历史观。

因此，在物理学史教学中要真实地再现物理学理论产生的过程，包括理论的起源、流派间的论战、物理学家的行为、重大突破等。教育重演论也告诉我们：学生对科学的认识过程会重复科学知识发生过程的某些特征。也就是说，物理学知识发生和发展的真实历史过程，从某种程度上也符合学生对该物理知识的认识过程。

2. 历史与逻辑相统一的原则

历史是指物理学发展的历史过程，逻辑是指科学产生和发展的内在逻辑顺序。历史与逻辑相统一是指在教学过程中有意识地按照科学发展的逻辑设计教学过程。

在理论依据中已经说明，科学哲学家托马斯·库恩在其科学革命理论中所阐明的科学发展的内在逻辑，与瑞士心理学家皮亚杰关于学生对于事物的认知过程十分相似。另外，教育重演理论也揭示出，学生对科学的认识过程会重复科学知识发生过程的某些特征。基于这两点，我们认为，在物理教学中，按照托马斯·库恩的科学发展的逻辑来设计教学内容和教学过程，使物理学历史与物理学发展的逻辑相统一，这样就能在一定程度上与学生的认知过程相契合，使学生更容易接受和理解教学内容。

3. 思想性原则

在物理教学中引入物理学史，不能停留在讲故事的层面，而要尽可能地发掘故事背后深刻的思想及其教育价值。

长期以来，在物理教学实践中渗入物理学史在很大程度上是基于对学生兴趣的培养。因此，无论是在教材中还是在教学实践中，总是停留在对物理学家生平事迹尤其是逸事的介绍。但是，物理学史除了能引起学生学习物理的兴趣之外，最为重要的是其本身蕴藏着丰富的思想价值。这里的思想价值包含两方面：第一，物理学史本身就包含丰富的物理学思想和方法，通过物理学史，学生能更为深刻地理解和掌握物理课程中的物理学思想和方法；第二，物理学史中所展现的物理学家高尚的道德情操等，有助于学生形成正确的人生观、价值观。这两点正是素质教育的重要内容。

4. 适宜性原则

选择的教学内容须符合学生的认知发展水平和情感发展水平，教学内容的难度和深度要以学生能接受性为原则。因此，此原则也可以称为可接受性原则。

在选择中学物理教学内容时，学生认知水平是一个必然要考虑的因素，相应地，在选择物理学史内容时也要考虑到学生的认知水平，因为其中涉及的一些知识、实验等可能高于学生当前的认知水平。另外，我们知道，物理学史本身是一门独立的学科，它有其自身的特点，在发展过程中形成了不同的研究范式和流派，导致在物理学史研究中，对某一物理事件的发生、发展等的认识有各种不同的看法和结论。比如，在传统的"辉格式"的历史研究中，布鲁诺被理所当然地称为坚持真理的"科学斗士"；而现代西方科学史界出现的以耶兹为代表人物的"反辉格"研究，却得出截然相反的结论，他们认为布鲁诺坚持"日心说"并非其崇尚和坚持真理的科学精神体现，而是某种宗教情怀使然。但是在物理教学中的确不能按照"反辉格"的研究结论去教学，因为不符合学生该阶段的情感发展水平。

四、案例

"准历史"教学案例如图 7-4 所示。

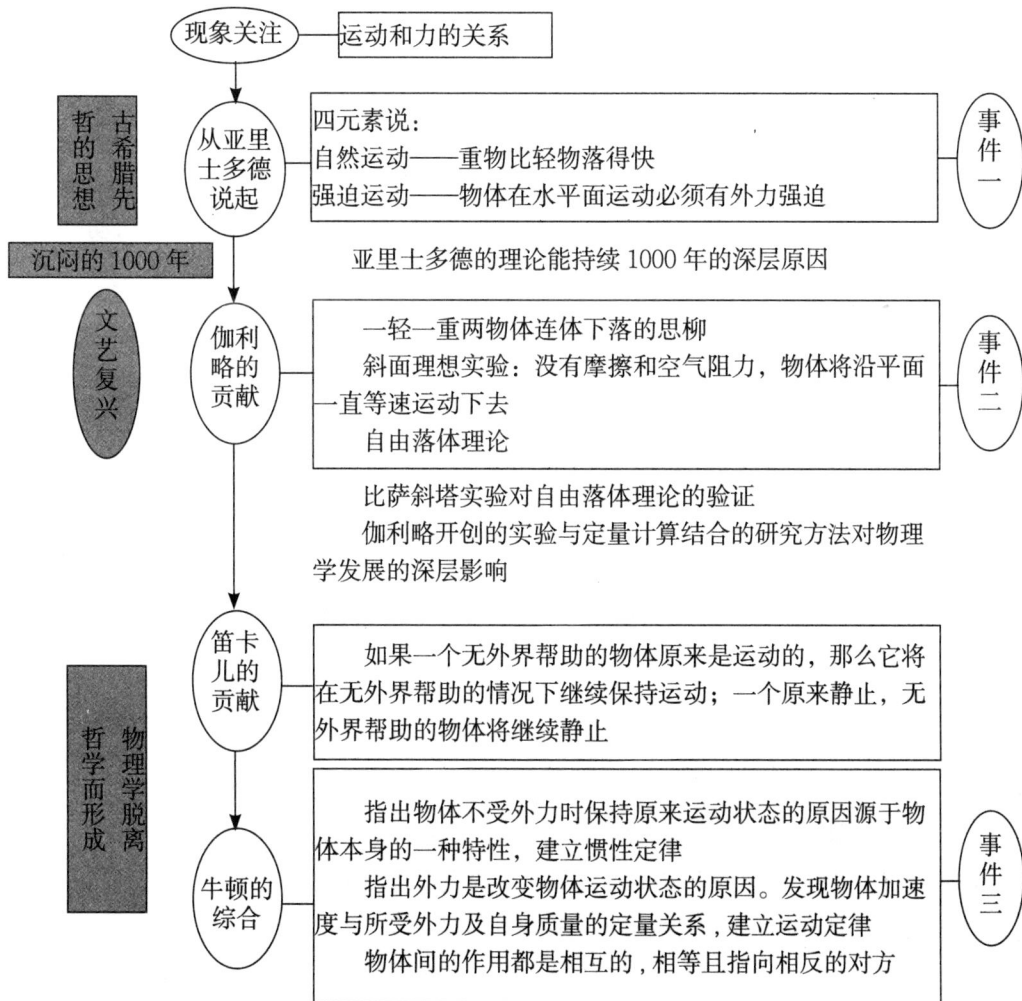

图 7-4 "准历史"教学案例

第二节 "物理文化结构"的教学设计思路

"物理文化结构"的设计方式，是指将教学内容（物理理论）按照前面提到的物理文化结构理论，即"内核—躯体—外缘"的结构（参见本书第二章第二节的图 2-2）进行设计，使教学内容呈现一个整体的文化结构。

一、设计过程

（1）确定教学内容的核心理论，即物理文化结构的"内核"。

（2）明确与核心理论有关的现象、技术、实验和相关的应用，此即为物理文化结构的"躯体"。

（3）在科学史、科学哲学乃至艺术中找到历史上存在过的理论的争论，此即为物理文化结构的"外缘"。

（4）选择与学生的前概念相近的一些历史事实和争论作为突破点 1，2，3，4，…n。

（5）进行教学活动，教学活动也可以开展成让学生参与的开放性探究活动的过程（图 7-5）。

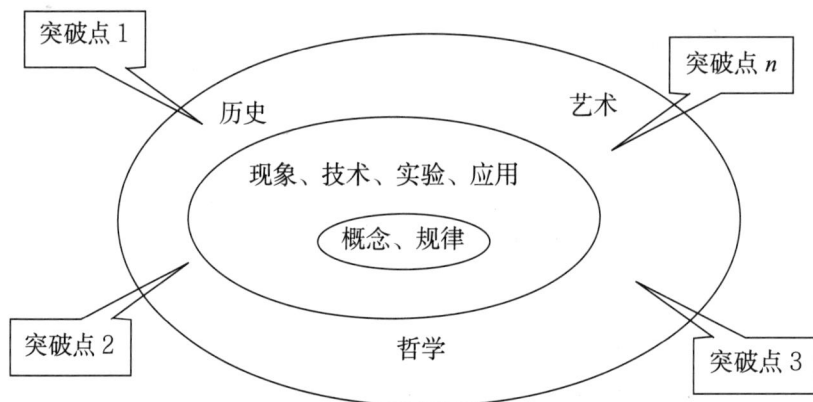

图 7-5 学科文化的物理课程设计

探究形式多种多样，如组织一些学生参与重演一个已经被确证了的科学理论的历史发展过程。学生通过扮演不同的科学家角色，重现科学家之间的争论和冲突，不但可使科学鲜活起来，而且让学生以科学研究主人翁的方式建立起对科学的理解。显而易见，伴随这些具体的活动而反映出来的即为科学的本质。

二、教学原则

教学的目的是将学生纳入科学文化的意义网络之中，其结果是使学生能用科学语言和科学理论去表述和解释现象，解决具体问题，理解科学的本质和科学精神，最终使科学文化成为学生知识体系的一部分，影响学生的思维和行为。

从科学文化的结构上去开展教学，注重给学生呈现作为整体的科学文化结构。每一个科学理论的整体性表现在"内核—躯体—外缘"的结构中，其中外缘是基础，躯体是关键，内核是核心。

采取收敛式和发散式的教学顺序。收敛式教学是指教师首先为学生创造科学文化的文化图景，这种文化图景主要来自科学发展过程中所积累的"外缘"知识。学生从"外缘"中寻找到与自己的认识相契合的知识，然后按照历史和思维相统一的线索进行学习，最终达到对"内核"的掌握（图7-6）。发散式教学是教师首先为学生提供已有的科学理论，即科学"内核"，然后引领学生根据"内核"，发展科学文化结构的"躯体"和"外缘"，如实验和解决问题等（图7-7）。

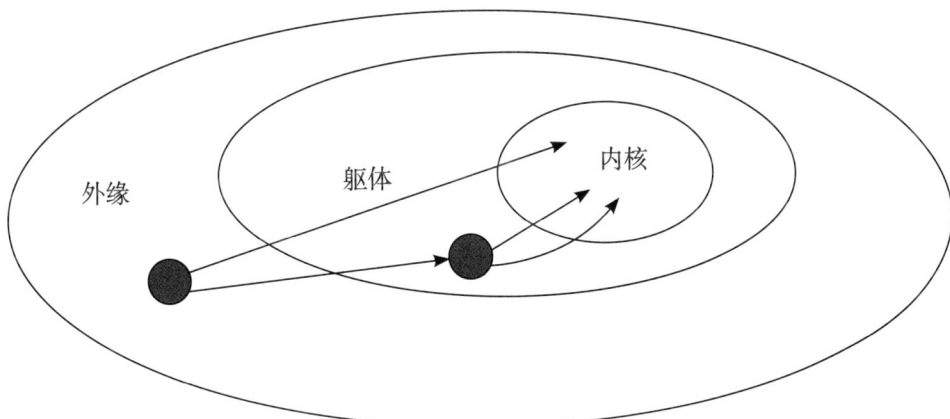

图 7-6 收敛式学习

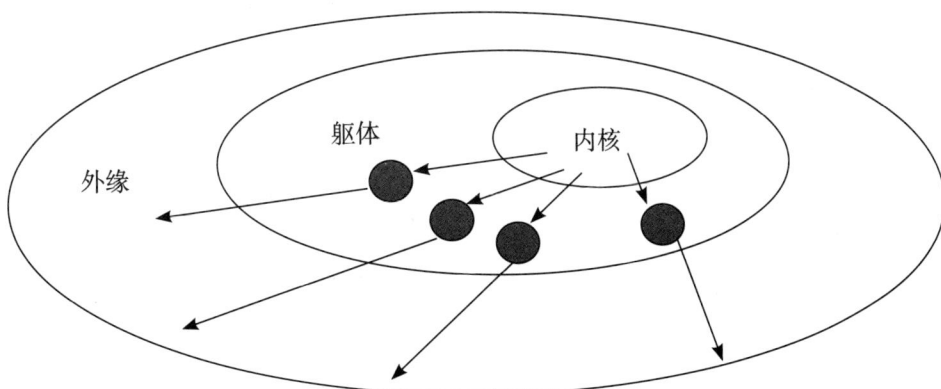

图 7-7 发散式学习

三、价值

（一）学习者能深入理解科学的本质

物理文化是人类文化的子系统，是物理学家共同体建构的对世界的一种意义网络。这种意义网络被用于描述客观世界的本质和相互关系，是科学团体交流的基础，也是文化保留和传递的基础。科学具有客观性和累积性的特点。科学在最初阶段有科学家的主观因素，但是随着科学家认识能力的逐步提高，主观因素被排除在科学之外，科学越来越客观地反映客观实在。旧的理论虽然会被新的理论代替，但旧理论具有独特的价值，并且旧理论会有机会反扑，重新释放其现代价值（如粒子说、以太）。科学不是绝对的真理，是科学家对世界的一种接近性认识，"今日的科学在明天可能是笑话，今天的妄想可能是明天的科学"。

（二）理解物理学的起源与发展

单独、具体的科学起源于矛盾或不和谐性而产生的疑问，矛盾和不和谐性来自人们对科学的外缘图景的认识与思辨，主要存在于科学文化发展的历史记录当中；科学发展过程是"内核—躯体—外缘"这一稳定结构形成的过程；同一科学问题应该具有多种科学理论，科学理论间通过竞争而发展，科学家应该坚持其中的一个理论，或者尽早发展对同一问题的不同理论。此外，科学的发展有两条路线，一条是收敛式，另一条是发散式。收敛式路线指的是科学家从外缘入手，再到躯体，然后找到内核的过程，这个过程是新科学诞生的过程。发散式路线是科学内核的应用，即科学家将科学内核进行应用和解释，使佐证内核的现象越来越丰富，这个过程是科学知识的累积过程。这两条路线都非常重要。

（三）理解科学思想与方法

科学研究过程中有特殊的科学思想和科学方法，它会告诉科学家该干什么，不该干什么。在某些时期，应用这些思想和方法会促进科学的发展，起到正面作用；但是科学方法又是一种束缚，科学家很容易困于其中，不利于发散思维和创新思维，起到负面作用。因此，科学家应该保持对思想方法的警觉。没有什么方法是必需的，只要有利于科学研究，任何方法都可以采用。

因为科学思想方法在某种程度上既可以指导人的活动，又能禁锢人的思想和行为，所以科学教育既要重视对学生科学方法的训练，还要重视学生对固有科学方法的突破，从各种事物中获得思想方法突破的灵感，为实现创新做准备。

（四）形成科学精神

科学文化是科学共同体创造的，它是科学共同体在社会中特殊的文化活动，在长期的发展过程中积淀了能使科学文化长期发展的积极主观因素——科学精神。科学精神就是科学家共同体在追求科学内核中表现出的精神态度，宏观上讲是对真、善、美的不懈追求，微观上讲是追求真、善、美过程中所采取的态度，如实证精神、创新精神等。

四、教学案例——以光的波动理论为例

（一）内核

（1）光是一种波动（电磁波）；（2）折、反射定律，$n = \dfrac{C_{真空}}{V_{介质}}$；（3）全反射定律；（4）光的色散；（5）$C_{真空} = 3.0 \times 10^8 \text{m/s}$；（6）双缝干涉规律；（7）衍射；（8）光是横波，具有偏振性。

（二）躯体

实验（1）光导纤维，实验（2）杨氏双缝干涉实验、薄膜干涉实验，实验（3）双折射现象，实验（4）马吕斯偏振实验，实验（5）菲涅尔圆孔衍射实验。

（三）外缘

事件（1）笛卡儿的观点：光本质上是一种压力，在完全弹性的、充满一切的媒质中传递，传递速度无限大。

事件（2）牛顿的观点：光是微粒流，是在惯性作用下的直线运动。

事件（3）胡克的观点：光是振动引起的，是如同水波一样的快速脉冲。

事件（4）惠更斯的观点：光是发光体中微小粒子的振动在弥散在宇宙空间的以太中传播的过程，如同声音一样（以太纵波）。

（四）教学过程

第一步：从外缘起逐一深入——收敛式教学。

引入事件（1）：介绍笛卡儿及内核知识（1）的观点（波动说的源头），说明笛卡尔不是用波动理论而是用微粒说研究了折射定律；数学家费马在批判笛卡尔论证的基础上运用严密的数学论证，导出了内核知识（2）；按照折射定律推导内核知识（3），以及躯体实验（1）。

引入事件（2）：牛顿及其微粒说观点，并且引出内核知识（4）。

引入事件（3）：介绍胡克及其观点。

引入事件（4）：介绍惠更斯及其观点（发展了胡克的理论），包括第一次根据木

星卫蚀测量到了光速：C=2×10⁸m/s（正确的数量级），引出内核知识（5）；提出了惠更斯原理解决了光的传播问题，引出内核知识（2）：光的反射和折射定律；解释了躯体实验（3）；惠更斯不能更好地解释干涉和衍射（缺乏数学基础）。

第二步：引入躯体中的实验现象。

引入躯体实验（2），观察现象，归纳内核知识（6）。

引入躯体实验（4）（马吕斯认为该实验与波动理论冲突），菲涅尔为了解释此现象提出内核知识（8），并且成功解释了躯体实验（5），形成了内核知识（7）。

第三步：总结内核知识。

第四步：将内核知识进行应用（解题、解释现象等）——发散式教学。

第五步：梳理内核知识的发展过程，解释科学的本质（图7-8）。

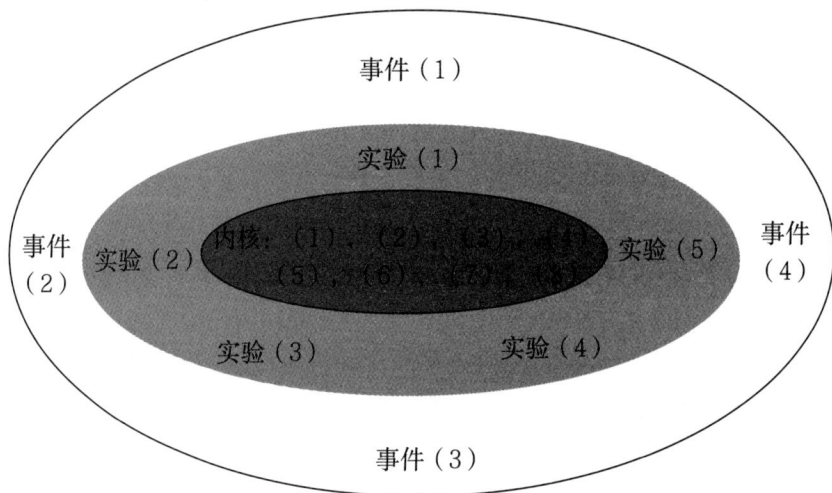

图 7-8　文化结构教学设计

第三节　"平行性"的教学设计思路

这里所讲的"平行性"泛指在教学内容中，涉及在认识过程或（和）认识结果上存在某种相似性或者可对比性的知识或理论。只要具备这样的特点，都可以采取"平行性"来设计教学过程。它包括三类：第一类是学科之间的平行性，如物理学与艺术；第二类是不同文化背景中对同一事物认识的平行性，如中西文化中的物理学；第三类是针对同一问题而出现的不同理论流派之间的平行性，如引力作用的近距作用和超距作用。

这种平行性的教学设计可以广泛应用在课堂引入过程以及专题研究中。

一、学科之间的平行性——以艺术与物理学为例

对艺术与物理学的研究早就表明，物理学与艺术（尤其指的是西方绘画）在认识结果上存在着某种相似性。

设计思路：分别对物理学和艺术按其时间发展顺序制定出对应的"文化史编年表"。在这个文化史编年表中展现物理学家以及同时代的其他领域的人物（包括画家、作家、诗人、作曲家等）的肖像、生卒日期和主要观点，如图7-9所示。

这种设计方法的好处是：拓展学生的知识面，尤其是能提升人文素养；认识到艺术家和科学家都是以自己特有的方式认识和解释自己所面对的世界；认识到"万事万物都是普遍联系在一起的"，艺术与物理学一样，其中隐含着某种联系。

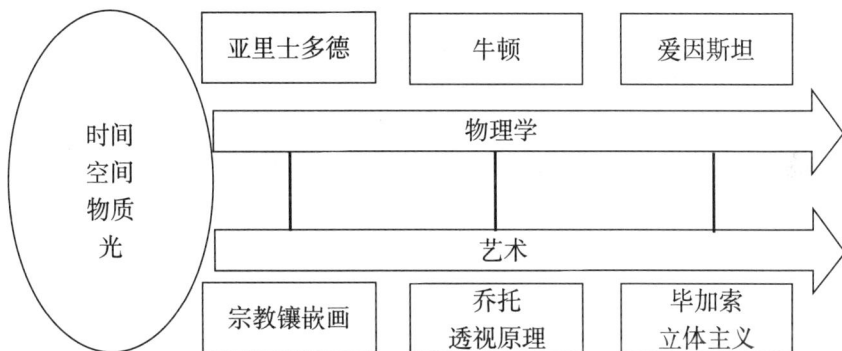

图7-9　平行性教学设计

二、不同文化中的平行性——以古希腊和中国古代对电现象的认识为例

设计思路：按照教学内容，分别从中、西文化中找到相应的研究结果，以历史或逻辑为线索，抽取出某几点具有相似性的研究结果（可以是历史人物的论述，也可以是重要著作中的记载），平行地推演开来，最后引入教学主题中去。以静电学的课堂引入部分的设计为例。

中国：王充《论衡》："顿牟掇芥"——虞翻"琥珀不取腐芥"——《梦溪笔谈》："雷火自窗间出……银悉熔流于地，漆器曾不焦灼"——唐代王睿《炙毂子》：蚩吻防雷电——应县木塔（建于辽代）："水不能淹，火不能焚，雷不能击"（说明中国古代对于静电学的研究成果）。

西方：泰勒斯："摩擦过的琥珀可以吸引轻小物体"——1660年盖立克发明摩擦起电机——1720年格雷发现导体和非导体的区别——1753年杜菲发现树脂型电荷和玻璃型电荷——富兰克林发明了避雷针，用"+""–"两个符号代表两种电荷，提出了电荷守恒定律（进入近代静电学的基本理论）。

以上只是一个简单的设计线索，设计者可以按照教学时间、学生兴趣，深入和拓展某些人物和观点，丰富教学内容。

这种设计方法的好处是：拓展学生的知识面（尤其是科学史知识），能使学生客观地认识到各个文化背景中的人们对科学都做出过贡献，尤其是我们中国古代在科学技术方面有很高的成就，也能启发学生思考为什么在近代中国没有产生像西方一样的物理学等深层问题。

三、同一问题不同理论流派之间的对比

科学发展史表明，科学是在不同理论的相互竞争中进步的。当科学家面对一个问题时，会用不同的理论猜想进行解释，有些理论之间甚至是不相容的。随着观察和实验的深入和新发现的出现，为了使自己的理论不为新实验所证伪，科学家往往会对自己的理论做一定的修改，使其更精确地反映客观事实。这样，在科学的发展过程中，往往是几个理论平行地向前发展的。比如，热质说和热动说、光的粒子说和波动说、力的超距作用和近距作用、矩阵力学和波动力学等。

这种设计的好处是：向学生渗透正确的科学观。通过学习，使学生认识到科学并不是绝对的真理，科学只是科学家对科学事实、现象的一种猜想性解释。科学的发展不但是科学家不断修正自己猜想的过程，也是和其他科学理论互相竞争的过程，在这种过程中，科学会越来越真实地反映客观存在。

参考文献

[1] 程川吉 . 物理实验 [M]. 北京：高等教育出版社，2001.

[2] 冯霞 . 物理文化与科学精神 [M]. 芜湖：安徽师范大学出版社，2014.

[3] 伏振兴 . 物理基础教学改革研究 [M]. 银川：阳光出版社，2019.

[4] 何志伟，刘丽 . 大学物理教学改革探索与实践研究 [M]. 长春：吉林出版集团股份有限公司，2019.

[5] 厚宇德 . 物理文化与物理学史 [M]. 成都：西南交通大学出版社，2004.

[6] 蒋鑫，胡席飞，胡春红 . 物理实验教学策略创新探究 [M]. 长春：吉林人民出版社，2020.

[7] 寇祥亮 . 现代物理教学与反思 [M]. 成都：电子科技大学出版社，2016.

[8] 李光 . 大学物理教学辅导 [M]. 长沙：湖南大学出版社，2014.

[9] 刘岩，范宏，宋海岩 . 物理教学与思维创新 [M]. 北京：北京日报出版社，2018.

[10] 谭孝君，王影，齐丽新，等 . 物理教学模式与视角创新 [M]. 长春：吉林人民出版社，2017.

[11] 王强，黄永超，徐学军 . 现代信息技术与物理教学结合研究 [M]. 长春：吉林人民出版社，2019.

[12] 翁华，杨晓华，黄柳华 . 物理教学与学习兴趣培养研究 [M]. 长春：吉林人民出版社，2020.

[13] 吴进校 . 对物理教学中一些问题的思考 [M]. 天津：天津科学技术出版社，2013.

[14] 许静 . 中学物理课堂环境教学论 [M]. 天津：天津人民出版社，2019.

[15] 薛永红，王洪鹏 . 物理文化与物理教学 [M]. 济南：山东科学技术出版社，2018.

[16] 张世全，刘建平 . 物理文化论坛：物理教育教育理论与实践 [M]. 西安：陕西师范大学出版总社有限公司，2014.

[17] 张同洋 . 创新视角下的物理教学模式 [M]. 长春：吉林人民出版社，2017.

[18] 张修江，何帮玉 . 物理创新性教学与高效课堂 [M]. 长春：吉林人民出版社，2019.

[19] 郑容森 . 物理教学改革与实践探索 [M]. 成都：西南交通大学出版社，2016.

[20] 周燕，苏庆顺，冉克宁 . 物理创新性教学与信息技术结合研究 [M]. 长春：吉林人民出版社，2021.